U0181963

国家出版基金项目
NATIONAL PUBLICATION FOUNDATION

现代水声技术与应用丛书
杨德森 主编

水下声学材料测试技术

何元安 闫孝伟 刘永伟 等 著

科学出版社
龙門書局
北京

内 容 简 介

本书主要介绍我国水下声学材料测试技术的相关发展情况,以黏弹性材料为对象,介绍了其声学性能测试方法的基本原理。全书共 6 章:第 1 章水下声场基本理论;第 2 章水下黏弹性材料基本理论;第 3 章黏弹性材料动力学参数测试方法;第 4 章水下声学材料小样声管测试方法;第 5 章水下声学材料大样测试方法;第 6 章数据拟合方法。

本书可供水声工程、船舶与海洋工程、声学等相关专业科研和技术人员阅读,也可以作为声学相关专业研究生的参考书。

图书在版编目(CIP)数据

水下声学材料测试技术 / 何元安等著. —北京:龙门书局,2023.11
(现代水声技术与应用丛书 / 杨德森主编)
国家出版基金项目
ISBN 978-7-5088-6017-6

Ⅰ. ①水⋯ Ⅱ. ①何⋯ Ⅲ. ①水声材料−测试技术 Ⅳ. ①TB564

中国版本图书馆 CIP 数据核字(2021)第 085579 号

责任编辑:杨慎欣 张 震 / 责任校对:樊雅琼
责任印制:徐晓晨 / 封面设计:无极书装

科 学 出 版 社 出版
龍 門 書 局
北京东黄城根北街 16 号
邮政编码:100717
http://www.sciencep.com
三河市春园印刷有限公司印刷
科学出版社发行 各地新华书店经销
*
2023 年 11 月第 一 版 开本:720 × 1000 1/16
2023 年 11 月第一次印刷 印张:8 1/2 插页:2
字数:176 000
定价:116.00 元
(如有印装质量问题,我社负责调换)

"现代水声技术与应用丛书"
编 委 会

本书作者名单

何元安　闫孝伟　刘永伟
张　超　商德江　王　曼
肖　妍　杨小黎

丛　书　序

　　海洋面积约占地球表面积的三分之二，但人类已探索的海洋面积仅占海洋总面积的百分之五左右。由于缺乏水下获取信息的手段，海洋深处对我们来说几乎是黑暗、深邃和未知的。

　　新时代实施海洋强国战略、提高海洋资源开发能力、保护海洋生态环境、发展海洋科学技术、维护国家海洋权益，都离不开水声科学技术。同时，我国海岸线漫长，沿海大型城市和军事要地众多，这都对水声科学技术及其应用的快速发展提出了更高要求。

　　海洋强国，必兴水声。声波是迄今水下远程无线传递信息唯一有效的载体。水声技术利用声波实现水下探测、通信、定位等功能，相当于水下装备的眼睛、耳朵、嘴巴，是海洋资源勘探开发、海军舰船探测定位、水下兵器跟踪导引的必备技术，是关心海洋、认知海洋、经略海洋无可替代的手段，在各国海洋经济、军事发展中占有战略地位。

　　从 1953 年中国人民解放军军事工程学院（即"哈军工"）创建全国首个声呐专业开始，经过数十年的发展，我国已建成了由一大批高校、科研院所和企业构成的水声教学、科研和生产体系。然而，我国的水声基础研究、技术研发、水声装备等与海洋科技发达的国家相比还存在较大差距，需要国家持续投入更多的资源，需要更多的有志青年投入水声事业当中，实现水声技术从跟跑到并跑再到领跑，不断为海洋强国发展注入新动力。

　　水声之兴，关键在人。水声科学技术是融合了多学科的声机电信息一体化的高科技领域。目前，我国水声专业人才只有万余人，现有人员规模和培养规模远不能满足行业需求，水声专业人才严重短缺。

　　人才培养，著书为纲。书是人类进步的阶梯。推进水声领域高层次人才培养从而支撑学科的高质量发展是本丛书编撰的目的之一。本丛书由哈尔滨工程大学水声工程学院发起，与国内相关水声技术优势单位合作，汇聚教学科研方面的精英力量，共同撰写。丛书内容全面、叙述精准、深入浅出、图文并茂，基本涵盖了现代水声科学技术与应用的知识框架、技术体系、最新科研成果及未来发展方向，包括矢量声学、水声信号处理、目标识别、侦察、探测、通信、水下对抗、传感器及声系统、计量与测试技术、海洋水声环境、海洋噪声和混响、海洋生物声学、极地声学等。本丛书的出版可谓应运而生、恰逢其时，相信会对推动我国水声事业的发展发挥重要作用，为海洋强国战略的实施做出新的贡献。

在此，向 60 多年来为我国水声事业奋斗、耕耘的教育科研工作者表示深深的敬意！向参与本丛书编撰、出版的组织者和作者表示由衷的感谢！

中国工程院院士　杨德森

2018 年 11 月

自　序

随着科学技术的不断进步和人民生活水平的不断提高，噪声已成为环境和产品评价的一项重要指标。在军事、交通运输、航空航天、工程机械等领域，如何降低噪声水平也成为一个备受关注的课题。相应地，吸声材料的研发受到研究人员越来越多的重视。在水声领域中，随着海洋环境噪声治理的需求不断增加，声学材料性能测试也受到越来越多的关注。

本书主要针对水下材料的声学性能测试问题开展相应理论研究，对该领域进行系统的学术总结，系统介绍黏弹性材料动力学参数和水下结构声学材料声学性能测试方法，并介绍在考虑环境边界、温度、压力等条件下，不同样品尺度和测试频段的水下声学材料声学参数的测量原理和相关测试技术。

本书内容共分为 6 章，具体如下。

第 1 章对水下声场基本理论进行详细介绍，重点针对波导理论与材料的声学性能表征方法开展论述。

第 2 章对水下黏弹性材料的基本理论进行详细介绍，重点介绍动力学方程、耦合方程及水下黏弹性平板材料构件的基本声学性能。

第 3 章针对黏弹性材料的动力学参数测试方法进行分析，介绍自由衰减振动法、强迫共振法、强迫非共振法及声传播测试方法。

第 4 章详细介绍各种声管中的水下声学材料小样声学性能测试方法，主要包括脉冲管法、驻波管法、行波管法及时空逆滤波法。

第 5 章针对水下声学材料大样测试方法进行详细论述，包括宽带脉冲压缩法与近场声全息法，并给出了测试实例。

第 6 章对数据拟合方法进行详细介绍，包括等效声学参数计算方法及 ONION 法。

本书由何元安、闫孝伟、刘永伟、张超、商德江、王曼、肖妍、杨小黎共同撰写，其中何元安、商德江完成了水下声场基本理论、水下黏弹性材料基本理论部分的撰写工作，同时完成了整书规划和统稿工作，闫孝伟、刘永伟、王曼撰写了黏弹性材料动力学参数测试方法、水下声学材料小样声管测试方法部分内容，张超、肖妍、杨小黎撰写了水下声学材料大样测试方法、数据拟合方法部分内容。

李金凤、韩金风等为本书的资料整理工作付出了辛勤劳动，在此深表感谢。由于作者水平有限，书中难免存在不足之处，敬请读者批评指正。

何元安

2022 年 1 月

目　录

第1章　水下声场基本理论

1.1　声波动方程

波动方程在声学研究中具有重要意义，它既是波动的数学表示，也是计算声学问题的基本关系式。本节将从理想流体介质的基本运动规律出发，导出波动方程。为使问题在计算上简化，给出以下几点必要假设。

（1）假设介质是理想的流体介质。理想介质只产生完全弹性形变，形变过程绝热，介质内无阻尼作用，所以在声波传播过程中没有使声能转化为其他形式能量的损耗。

（2）假设介质连续。在讨论声场中流体介质的运动时，只考虑介质分子运动的平均特性，而不考虑分子的单独运动。

（3）假设介质是静态的、均匀的，即流体本身的运动速度与声波传播速度相比甚小，可略去不计。有关声学的力学参数不变。

在假设的理想情况下，仍可给出声传播的基本特性，说明声传播的基本现象并解决声学基本问题。

本章研究小振幅波在流体介质中的传播规律。小振幅波是指波场中的介质质点的振动位移远小于波长，同时声压幅值也远小于介质的静压力，这种近似导出的波动方程是线性的。

声振动作为宏观物理现象，必然满足三个基本的物理定律，即牛顿第二定律、质量守恒定律及绝热压缩定律。因此，理想连续介质中的声传播基本规律可以用以下三个方程表示[1]。

1）运动方程

$$\frac{\mathrm{d}\boldsymbol{u}}{\mathrm{d}t} + \frac{1}{\rho}\nabla p = 0 \tag{1-1}$$

式中，$\boldsymbol{u}$ 为质点振速；p 为声压；ρ 为密度；$\dfrac{\mathrm{d}\boldsymbol{u}}{\mathrm{d}t}$ 为质点加速度；∇ 为哈密顿（Hamiltonian）算子。

$$\frac{\mathrm{d}\boldsymbol{u}}{\mathrm{d}t} = \frac{\partial \boldsymbol{u}}{\partial t} + (\boldsymbol{u}\cdot\nabla)\boldsymbol{u} \tag{1-2}$$

小振幅声场中，$\dfrac{\mathrm{d}\boldsymbol{u}}{\mathrm{d}t}$ 中的二阶小量 $(\boldsymbol{u}\cdot\nabla)\boldsymbol{u}$ 可忽略，将运动方程（1-1）简化为小振幅下的形式：

$$\frac{\partial \boldsymbol{u}}{\partial t} + \frac{1}{\rho}\nabla p = 0 \tag{1-3}$$

2）连续性方程

根据质量守恒定律，可得小振幅波满足的连续性方程：

$$\frac{\partial \rho}{\partial t} + \rho\nabla \cdot \boldsymbol{u} = 0 \tag{1-4}$$

3）物态方程

由于声振动过程近似为等熵绝热过程，根据热力学关系，其物态方程为

$$\mathrm{d}P = c^2\mathrm{d}\rho \tag{1-5}$$

式中，P 表示介质经过声扰动时的压强。

$$c^2 = \left(\frac{\mathrm{d}P}{\mathrm{d}\rho}\right)_{\mathrm{s}} = \left(\frac{\partial P}{\partial \rho}\right)_{\mathrm{s}} \tag{1-6}$$

或者写为

$$\frac{\partial P}{\partial t} = c^2\frac{\partial \rho}{\partial t} \tag{1-7}$$

式中，s 表示绝热过程。

当声速 c 和密度 ρ 不随时间改变时，联立式（1-3）、式（1-4）和式（1-7），消去振速 $\boldsymbol{u}$ 后，可得到：

$$\nabla^2 p - \frac{1}{c^2}\frac{\partial P}{\partial t} - \frac{1}{\rho}\nabla p \cdot \nabla \rho = 0 \tag{1-8}$$

式（1-8）是密度 ρ 为空间位置函数情况下的波动方程，在直角坐标系中，∇ 可写为

$$\nabla = \frac{\partial}{\partial x}\boldsymbol{i} + \frac{\partial}{\partial y}\boldsymbol{j} + \frac{\partial}{\partial z}\boldsymbol{k} \tag{1-9}$$

∇^2 为拉普拉斯算子，在直角坐标系中可写为

$$\nabla^2 = \frac{\partial^2}{\partial x^2} + \frac{\partial^2}{\partial y^2} + \frac{\partial^2}{\partial z^2} \tag{1-10}$$

如果介质密度 ρ 在空间上均匀分布，则式（1-8）可写为

$$\nabla^2 p = \frac{1}{c^2}\frac{\partial^2 P}{\partial t^2} \tag{1-11}$$

由此得到理想均匀静止流体中小振幅波的波动方程。需指出的是，式（1-11）是在忽略了二阶以上小量以后得到的，故称为线性声波方程。因此，从式（1-11）出发研究声场规律时，必须意识到其成立的前提条件。

1.2　波　导　理　论

波导是指至少在一维方向上为无限制的有限介质空间；声波在波导中的传播

就是指声波在有界介质空间中的传播。本节求解和分析波导声传播的方法，要求波导截面形状规则。波导截面是指波导在与声波传播垂直方向上的截面，截面形状规则是指在截面上可用分离变量法求解 Helmholtz（亥姆霍兹）方程。

1.2.1　声波在流体平面层波导中的传播

1. 平行平面层中声场的一般形式解

波导声场计算模型：声波在 $x \in [0,h]$，$z \in [0,+\infty)$，$y \in (-\infty,+\infty)$ 区域传播，为简谐波，并设声场的声学量与 y 坐标无关，坐标系 $O\text{-}x\text{-}y\text{-}z$ 如图 1-1 所示。

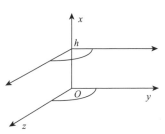

图 1-1　简谐波在平行平面层介质中的传播示意图

则波动方程为[2]

$$\frac{\partial^2 p(x,z,t)}{\partial x^2} + \frac{\partial^2 p(x,z,t)}{\partial z^2} - \frac{1}{c^2}\frac{\partial^2 p(x,z,t)}{\partial t^2} = 0 \tag{1-12}$$

令 $p(x,z,t) = p(x,z)\mathrm{e}^{\mathrm{j}\omega t}$，则

$$\frac{\partial^2 p(x,z)}{\partial x^2} + \frac{\partial^2 p(x,z)}{\partial z^2} + k^2 p(x,z) = 0 \tag{1-13}$$

式中，$x \in [0,h]$；$z \in [0,+\infty)$；$k = \omega / c_0$。

此方程的形式解为

$$p(x,z) = \sum_{k_x}(A\mathrm{e}^{-\mathrm{j}k_x x} + B\mathrm{e}^{\mathrm{j}k_x x})(C\mathrm{e}^{-\mathrm{j}k_z z} + D\mathrm{e}^{\mathrm{j}k_z z}) \tag{1-14}$$

式中，$k_x^2 + k_z^2 = k^2$。

对式（1-14）的形式解进行简化：①波场沿 z 轴只有正方向传播的行波，所以 $D = 0$（此结果的物理本质是 $z \to \infty$ 时声波无反射的边界条件）；②波场沿 x 轴是驻波（两个方向相反行波的叠加），见式（1-15）。

$$p(x,z) = \sum_{k_x}[A'\cos(k_x x) + B'\sin(k_x x)]\mathrm{e}^{-\mathrm{j}k_z z} \tag{1-15}$$

这是平行平面层波导中声传播的形式解，其中 k_x、A'、B' 是由边界条件确定的常数。

2. 绝对硬边界条件下平行平面波导中的声场

绝对硬边界条件：

$$u_x(x,z)\big|_{x=0} = 0, \quad u_x(x,z)\big|_{x=h} = 0$$

由欧拉公式可得

$$\frac{\partial p(x,z)}{\partial x}\bigg|_{x=0} = 0, \quad \frac{\partial p(x,z)}{\partial x}\bigg|_{x=h} = 0$$

代入形式解中：

$$\frac{\partial p(x,z)}{\partial x} = -\sum_{k_x}[Ak_x\sin(k_x x) - Bk_x\cos(k_x x)]\mathrm{e}^{-jk_z z} \tag{1-16}$$

（1）$\left.\dfrac{\partial p(x,z)}{\partial x}\right|_{x=0} = 0 \rightarrow B = 0$；

（2）$\left.\dfrac{\partial p(x,z)}{\partial x}\right|_{x=0} = 0 \rightarrow \sin(k_x h) = 0 \rightarrow k_x = \dfrac{n\pi}{h}$（本征值）。

所以形式解为

$$p(x,z) = -\sum_{k_x}[A\cos(k_x x) + B\sin(k_x x)]\mathrm{e}^{-jk_z z} \tag{1-17}$$

式中，$B = 0$；$k_x = \dfrac{n\pi}{h}$。

考虑时间因子，得到解：

$$p(x,z,t) = \mathrm{e}^{j\omega t}\sum_{n=0}^{\infty}A_n\cos\frac{n\pi}{h}x\,\mathrm{e}^{-j\sqrt{k^2-\left(\frac{n\pi}{h}\right)^2}\,z} \tag{1-18}$$

式中，A_n 由 $z = 0$ 处的边界条件确定，对于本问题，$z = 0$ 处的边界条件是声源边界条件。

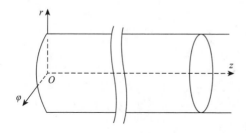

图 1-2 圆管波导示意图

1.2.2 声波在圆管波导中的传播

半径为 a 的圆管中充满理想流体，管的一端（$z = 0$ 面）放置声发射换能器，另一端无限延长，如图 1-2 所示，建立柱坐标系 $O\text{-}r\text{-}\varphi\text{-}z$，则波导中声场的空间变量变化范围为 $0 \leqslant r \leqslant a$，$0 \leqslant \varphi \leqslant 2\pi$，$0 \leqslant z \leqslant +\infty$。

1. 圆管波导中简谐声场的一般形式解

如果波场为时间简谐振动，令波导中的声压函数为 $p(r,\varphi,z)\mathrm{e}^{j\omega t}$，柱坐标系下 Helmholtz 方程的形式解[3]为

$$\begin{aligned}
\psi(r,\varphi,z) &= R(r)\phi(\varphi)Z(z) \\
&= \sum_{k_r}\sum_n[A_n J_n(k_r r) + B_n N_n(k_r r)] \\
&\quad \cdot [a\cos(k_z z) + b\sin(k_z z)]\cos(n\varphi + \varphi_n)
\end{aligned} \tag{1-19}$$

函数 $\cos(k_z z)$ 和 $\sin(k_z z)$ 用 z 的行波函数 $\mathrm{e}^{jk_z z}$ 和 $\mathrm{e}^{-jk_z z}$ 表示，可得

$$p(r,\varphi,z) = e^{j\omega t}\sum_{k_r}\sum_{n}[A_nJ_n(k_rr)+B_nN_n(k_rr)]$$
$$\cdot[ae^{jk_zz}+be^{-jk_zz}]\cos(n\varphi+\varphi_n) \tag{1-20}$$

对式（1-20）的形式解进行简化：①波场在 $r=0$ 时值有限，所以无诺伊曼函数项，$B_n=0$；②声源在 $z=0$ 面上，所以波场只有向 z 的正向传播的声波，即 $a=0$。

因此，圆管波导中声场的形式解为

$$p(r,\varphi,z) = e^{j\omega t}\sum_{k_r}\sum_{n}A_nJ_n(k_rr)\,e^{-jk_zz}\cos(n\varphi+\varphi_n) \tag{1-21}$$

式中，k_r、A_n、φ_n 由边界条件确定，即界（壁）面和声源条件。

2. 绝对硬边界条件圆管波导中的声场

如果圆管壁为刚性界面，则边界条件为

$$\left.\frac{\partial p(r,\varphi,z)}{\partial r}\right|_{r=a}=0 \tag{1-22}$$

将式（1-21）代入式（1-22）得

$$\left.\frac{\partial}{\partial r}e^{j\omega t}\sum_{n}\sum_{k_r}A_nJ_n(k_rr)e^{-jk_zz}\cos(n\varphi+\varphi_n)\right|_{r=a}=0$$

$$\Rightarrow \left.e^{j\omega t}\sum_{n}\sum_{k_r}A_n\frac{\mathrm{d}}{\mathrm{d}r}J_n(k_rr)e^{-jk_zz}\cos(n\varphi+\varphi_n)\right|_{r=a}=0$$

$$\Rightarrow \left.\frac{\mathrm{d}}{\mathrm{d}r}J_n(k_rr)\right|_{r=a}=0 \tag{1-23}$$

如果记 β_{nm} 为方程 $\dfrac{\mathrm{d}J_n(x)}{\mathrm{d}x}=0$ 的第 m 个根，显然 $k_ra=\beta_{nm}$ 是方程（1-23）的解，得 $k_{nm}=\dfrac{\beta_{nm}}{a}$，称 k_{nm} 为此问题的第 m 个特征值，所以有

$$p(r,\varphi,z,t) = e^{j\omega t}\sum_{n}\sum_{m}A_{nm}J_n\left(\frac{\beta_{nm}}{a}r\right)\cos(n\varphi+\varphi_n)\,e^{-j\sqrt{k^2-\left(\frac{\beta_{nm}}{a}\right)^2}z}$$
$$= e^{j\omega t}\sum_{n}\sum_{m}A_{nm}J_n(k_{nm}r)\cos(n\varphi+\varphi_n)\,e^{-j\sqrt{k^2-k_{nm}^2}z} \tag{1-24}$$

式中，A_{nm}、φ_n 由声源条件（$z=0$ 处的边界条件）确定。

1）轴对称声源激励下刚性壁面圆管波导中的声场

如果声场是由轴对称声源激励产生的，则式（1-24）还可以简化。当声源是轴对称声源时，声源的振速分布与变量 φ 无关，因而 $z=0$ 处的边界条件与变量 φ 无关，所以声场与变量 φ 无关，可推知式（1-24）中只有 $n=0$ 的各项系数，而 $n\ne0$ 的各项系数 $A_{nm}=0$，即

$$p(r,\varphi,z,t) = e^{j\omega t} \sum_n \sum_m A_{nm} J_n(k_{nm}r) \cos(n\varphi + \varphi_n) e^{-j\sqrt{k^2-k_{nm}^2}z} \bigg|_{n=0}$$

$$= e^{j\omega t} \sum_m A'_{0m} J_0(k_{0m}r) e^{-j\sqrt{k^2-k_{0m}^2}z} \tag{1-25}$$

式中，$k_{0m} = \dfrac{\beta_{0m}}{a}$，$\beta_{0m}$ 是方程 $\dfrac{\mathrm{d}J_0(x)}{\mathrm{d}x} = 0$ 的第 m 个根。

由柱函数的递推关系可得，方程 $\dfrac{\mathrm{d}J_0(x)}{\mathrm{d}x} = 0$ 与 $J_1(x) = 0$ 同根，β_{0m} 取值如下：β_{00} 为 0，β_{01} 为 3.83，β_{02} 为 7.02，β_{03} 为 10.17，β_{04} 为 13.32，β_{0m} 为 $(m+1/4)\pi$。

轴对称声源激励下刚性壁面圆管中的 $(0,m)$ 阶简正波声压函数为

$$p_{0m}(r,z,t) = A'_{0m} J_0\left(\frac{\beta_{0m}}{a}r\right) e^{-j\left[\omega t - \sqrt{k^2-\left(\frac{\beta_{0m}}{a}\right)^2}z\right]} \tag{1-26}$$

（1）波导截面上 $(0,m)$ 阶简正波的幅值分布。波导截面上，$(0,m)$ 阶简正波的声压幅值分布函数为

$$|p_{0m}(r,z,t)| = \left|A'_{0m} J_0\left(\frac{\beta_{0m}}{a}r\right)\right|$$

（2）$(0,m)$ 阶简正波的截止频率。由式（1-26）得，$(0,m)$ 阶简正波的截止频率为

$$k_{z(0m)}\big|_{\omega=\omega_{0m}} = \sqrt{k^2 - \left(\frac{\beta_{0m}}{a}\right)^2}z\bigg|_{\omega=\omega_{0m}} = 0$$

$$\Rightarrow \left(\frac{\omega}{c_0}\right)^2 - \left(\frac{\beta_{0m}}{a}\right)^2\bigg|_{\omega=\omega_{0m}} = 0 \tag{1-27}$$

截止角频率为

$$\omega_{0m} = \frac{\beta_{0m}}{a}c_0$$

截止频率为

$$f_{0m} = \frac{\omega_{0m}}{2\pi} = \frac{\beta_{0m}c_0}{2\pi a}$$

$f > f_{0m}$ 时，$(0,m)$ 阶简正波正常传播；$f \leqslant f_{0m}$ 时，$(0,m)$ 阶简正波蜕化为非均匀波，不能传播，只存在于声源附近。

（3）$(0,m)$ 阶简正波的声压相速度和群速度。

由式（1-26）可得，$(0,m)$ 阶简正波的声压相位函数为

$$\varphi_{\mathrm{p}} = \omega t - \sqrt{k^2 - \left(\frac{\beta_{0m}}{a}\right)^2}z \tag{1-28}$$

得到声压相速度：

$$c_{p(0m)} = \frac{\mathrm{d}z}{\mathrm{d}t}\bigg|_{\varphi_p = \mathrm{const}} = \frac{\omega}{\sqrt{k^2 - \left(\frac{\beta_{0m}}{a}\right)^2}} = \frac{c_0}{\sqrt{1 - \left(\frac{\beta_{0m}}{ka}\right)^2}} = \frac{c_0}{\sqrt{1 - \left(\frac{f_{0m}}{f}\right)^2}} \quad (1\text{-}29)$$

群速度：

$$c_{g(0m)} = \frac{\mathrm{d}\omega}{\mathrm{d}k_{z(0m)}} = \frac{\mathrm{d}\omega}{\mathrm{d}\sqrt{k^2 - \left(\frac{\beta_{0m}}{a}\right)^2}} = \frac{\mathrm{d}\omega}{\mathrm{d}\sqrt{\left(\frac{\omega}{c_0}\right)^2 - \left(\frac{\beta_{0m}}{a}\right)^2}}$$

$$\Rightarrow c_{g(0m)} = c_0\sqrt{1 - \left(\frac{\beta_{0m}}{ka}\right)^2} = c_0\sqrt{1 - \left(\frac{f_{0m}}{f}\right)^2} \quad (1\text{-}30)$$

2）非轴对称声源激励下刚性壁面圆管波导中的声场

声场由非轴对称声源激励产生（声源处的边界条件与变量有关），式（1-24）中，$k_{nm} = \frac{\beta_{nm}}{a}$，$\beta_{nm}$ 是方程 $\frac{\mathrm{d}J_n(x)}{\mathrm{d}x} = 0$ 的第 m 个根；表 1-1 给出了 $n \leqslant 3$、$m \leqslant 3$ 时的 β_{nm} 值。

表 1-1　β_{nm} 数值表

n	β_{nm}			
	$m=0$	$m=1$	$m=2$	$m=3$
0	0	3.82	7.02	10.17
1	1.84	5.33	8.54	11.71
2	3.05	6.71	9.97	13.17
3	4.20	8.02	11.35	14.59

（1）波导截面上 (n,m) 阶简正波的幅值分布。

第 (n,m) 阶简正波函数为

$$p_{nm}(r,\varphi,z) = A'_{nm}J_n\left(\frac{\beta_{nm}}{a}r\right)\mathrm{e}^{-\mathrm{j}\left[\omega t - \sqrt{k^2 - \left(\frac{\beta_{nm}}{a}\right)^2}z\right]}\cos(n\varphi + \varphi_n) \quad (1\text{-}31)$$

所以幅值分布函数为

$$|p_{nm}(r,\varphi,z)| = \left|A'_{nm}J_n\left(\frac{\beta_{nm}}{a}r\right)\cos(n\varphi + \varphi_n)\right|$$

（2）(n,m) 阶简正波的截止频率。

由式（1-30）得

$$\left. k_{z(nm)} \right|_{\omega=\omega_{nm}} = \left. \sqrt{k^2 - \left(\frac{\beta_{nm}}{a}\right)^2} \right|_{\omega=\omega_{nm}} = 0$$

$$\Rightarrow \left. \left(\frac{\omega}{c_0}\right)^2 - \left(\frac{\beta_{0m}}{a}\right)^2 \right|_{\omega=\omega_{nm}} = 0$$

得截止角频率为

$$\omega_{nm} = \frac{\beta_{nm}}{a} c_0$$

截止频率为

$$f_{nm} = \frac{\omega_{nm}}{2\pi} = \frac{\beta_{nm} c_0}{2\pi a}$$

$f > f_{nm}$ 时，(n,m) 阶简正波正常传播；$f \leqslant f_{nm}$ 时，(n,m) 阶简正波蜕化为非均匀波，不能传播，只存在于声源附近。

（3）(n,m) 阶简正波的声压相速度和群速度。

由式（1-31）可得，第 (n,m) 阶简正波的声压相位函数为

$$\varphi_{\mathrm{p}} = \omega t - \sqrt{k^2 - \left(\frac{\beta_{nm}}{a}\right)^2} \, z \tag{1-32}$$

得到声压相速度：

$$c_{\mathrm{p}(nm)} = \left. \frac{\mathrm{d}z}{\mathrm{d}t} \right|_{\varphi_{\mathrm{p}}=\mathrm{const}} = \frac{\omega}{\sqrt{k^2 - \left(\frac{\beta_{nm}}{a}\right)^2}} = \frac{c_0}{\sqrt{1 - \left(\frac{\beta_{nm}}{ka}\right)^2}} = \frac{c_0}{\sqrt{1 - \left(\frac{f_{nm}}{f}\right)^2}} \tag{1-33}$$

群速度：

$$c_{\mathrm{g}(nm)} = \frac{\mathrm{d}\omega}{\mathrm{d}k_{z(nm)}} = \frac{\mathrm{d}\omega}{\mathrm{d}\sqrt{k^2 - \left(\frac{\beta_{nm}}{a}\right)^2}} = \frac{\mathrm{d}\omega}{\mathrm{d}\sqrt{\left(\frac{\omega}{c_0}\right)^2 - \left(\frac{\beta_{nm}}{a}\right)^2}}$$

$$\Rightarrow c_{\mathrm{g}(nm)} = c_0 \sqrt{1 - \left(\frac{\beta_{nm}}{ka}\right)^2} = c_0 \sqrt{1 - \left(\frac{f_{nm}}{f}\right)^2} \tag{1-34}$$

声学测试时通常需用平面波，在管中获得平面波的条件和方法如下。

（1）管壁面必须是刚性（绝对硬）的。

（2）要利用管中 $(0,0)$ 阶简正波。

（3）通常，测试频率上限低于 $(1,0)$ 阶简正波的截止频率 f_{10}，使管中只有正常传播的 $(0,0)$ 阶简正波：

$$f_{10} = \frac{\omega_{10}}{2\pi} = \frac{\beta_{10} c_0}{2\pi a} = 1.84 \frac{c_0}{2\pi a} \tag{1-35}$$

（4）如果利用轴对称声源激励，可提高测试频率上限；测试频率上限应低于 $(0,1)$ 阶简正波的截止频率 f_{01}，使管中只有正常传播的 $(0,0)$ 阶简正波：

$$f_{01} = \frac{\omega_{01}}{2\pi} = \frac{\beta_{01}c_0}{2\pi a} = 3.83\frac{c_0}{2\pi a} \qquad (1\text{-}36)$$

1.3　材料声学性能表征方法

测试的目的在于准确把握被研究或者备用构件和材料的性能参数。利用测试结果可对材料做出正确的评价和选择，以及合理应用的基本依据，对材料的开发研究，制备工艺和配方的控制及构件的设计、制造和应用都有重要的指导意义。

测试的基本参量可分成两类：一类是表征材料（或介质）本身固有特性的参量，称为特征参量，如声传播系数 γ 和特性阻抗 Z_c，这些参量只取决于材料的内部组成和结构，与材料的尺寸和形状无关。另一类是描述材料或构件声学特性的参量，称为功能特性参量，如插入损失 I_l 和回声降低 E_r，这些参量除与材料的内部组织和结构有关外，还与材料的厚度和形状等有关。

对比以上两类参量，在不同阶段将测试不同的参量。

（1）在研究和发展新材料阶段，测试的参量是特征参量，测试时用本体材料作为样品，本体材料是指各种材料或介质（如橡胶、塑料、木材、油等介质）本身。

（2）在构件（如声呐罩、声障板等）的设计阶段，测试的参量是功能特性参量，其测量结果用来评估构件或材料的功能或所起的作用，测试时采用平板或平面层材料作为样品。测试对样品的尺寸有一定要求，例如，样品的横向尺寸要足够大，保证测试结果与横向尺寸无关，但仍与厚度有关，也就是说要求能模拟横向无边界的样品。厚度一定而横向无边界的材料有具体的理论计算公式，所以还可以将测试的结果与理论结果进行分析和比较。

（3）在材料构件实物的应用阶段，所测的参量也是功能特性参量，但是测试时所用样品是构件实物（如声呐罩、声障板、吸声器等）的成品，其测试结果用来估计构件成品在实际使用条件下的性能。

1.3.1　材料声传播系数与特性阻抗

声传播系数 γ 和特性阻抗 Z_c 是表征均匀各向同性介质的声学性能的两个重要参量，吸声材料的声学性能完全由这两个参量决定[4]。

1. 声传播系数 γ

一般说来，任何材料在运动时总有能量消耗，这是因为材料内部总会存在产生内耗（或吸收）的机构。介质的吸收，表征着能量的衰减。假设介质中每单位距离上平面波信号的衰减可用衰减系数 α 来表示，声学中，常用声场中两点声压振幅比的自然对数来表示，其数学表达式为

$$\alpha x = \ln\left(\frac{p_1}{p_2}\right) \tag{1-37}$$

式中，p_1、p_2 为声场中两点的测量声压；x 为两点间距。

α 的单位为奈培/厘米（Np/cm），若介质的损耗为 1Np/cm，就表示每厘米上信号减小 $1/e$ 奈培。

讨论在均匀各向同性的无限介质中沿 x 轴正向传播的平面波时，若介质存在能量损失，则声压的时空关系可用阻尼正弦函数表示：

$$p(x) = A\exp\left[j\omega\left(t - \frac{x}{c}\right) - \alpha x\right] \tag{1-38}$$

式中，c 为声波传播速度，在位置 $x = 0$ 处，可得 $p(0) = A\exp(j\omega t)$。

令 $\omega/c = k$，$\gamma = \alpha + jk$，就可获得阻尼正弦函数的简单解析式：

$$p(x) = p(0)\exp(-\gamma x) \tag{1-39}$$

式（1-39）意味着由于材料内部存在损耗，当平面声波在材料中传播时，其声压幅度随距离呈指数衰减。

其中，常数 γ 除了与声波频率 ω 有关外，还取决于介质本身的性质，称为介质中的声传播系数，它的实部 α 称为衰减系数，虚部 k 称为相移系数（即波数）。

对于吸声材料，若定义复波数 $\hat{k} = k - j\alpha$，则 $\gamma = j\hat{k}$，则式（1-39）可写为

$$p(x) = p(0)\exp(-j\hat{k}x) \tag{1-40}$$

对于无损耗的理想介质，$\alpha = 0$，此时声压的时空关系为

$$p(x) = p(0)\exp(-jkx) \tag{1-41}$$

以上两个方程说明，无论介质有无损耗，应用于其中的任何方程形式都完全相同，其不同之处仅在于，当介质存在内耗时，介质的参量都由实数变成了复数。

根据复波数 $\hat{k}$ 的定义，可得复声速：

$$\hat{c} = \frac{\omega}{\hat{k}} = \frac{\omega}{k - j\alpha} = \frac{c}{1 - jr} \tag{1-42}$$

式中，$r = \alpha/k$，称为损耗参数。

2. 特性阻抗 Z_c

同样的，介质中单位面积上的体积位移速度 v 可用类似形式表示：

$$v(x) = v(0)\exp(-\gamma x) \tag{1-43}$$

在行波中，p/v 与 x 无关，其中 v 表示单位时间内通过单位面积的介质体积，在均匀介质中，v 和介质的振速相同。

与电学类似，位置 x 处的声阻抗率为

$$Z(x) = p(x)/v(x) \tag{1-44}$$

在无限介质中，$Z(x)$ 应该和 x 无关，这个阻抗是仅与介质有关的一个常数，称为特性阻抗，用 Z_c 表示。对于无损耗或损耗可忽略的介质，$Z_c = \rho c$，是实数；对于吸声材料，$\hat{Z}_c = \rho \hat{c}$，是复数。

在无限介质中，在 $x=0$ 处加一个周期性声压 $p(0)$，则 $p(x)$ 和 $v(x)$ 随 x 和 t 变化的关系可由 γ 和 Z_c 完全决定。因此，可以说 γ 和 Z_c 这两个量完全决定了介质的声学性能。

1.3.2　材料功能特性参量

插入损失 I_1 和回声降低 E_r 是描述水声无源材料或构件功能特性的重要参量[5]，它们的定义如下（都假设为平面波传播）：

$$I_1 = 20\log\left|\frac{p_i}{p_t}\right| = 20\log\left|\frac{1}{\tau_p}\right| \tag{1-45}$$

$$E_r = 20\log\left|\frac{p_i}{p_r}\right| = 20\log\left|\frac{1}{r_p}\right| \tag{1-46}$$

式中，p_i 为入射声压；p_r 为反射声压；p_t 为散射声压；τ_p 为声透射系数；r_p 为声反射系数。

声透射系数等于 1 时，等效于插入损失为 0；声反射系数等于 0 时，对应的回声降低值为无穷大。

1. 插入损失 I_1

插入损失 I_1 的物理意义是在声源与接收器之间插入材料或构件后，不存在绕射和折射效应时，接收信号级降低的分贝数，主要用于描述透声窗、声呐罩和声障板等构件中声学材料的性能。显然，I_1 应是材料或构件上声反射和内部声吸收的组合。对于任何实际的透声窗材料和大多数声障板，由声吸收引起的损失是可以忽略不计的。

假设有一块厚度均匀的平板材料浸没在自由空间的水介质中（图 1-3），平板厚度为 d，材料特性阻抗 $\hat{Z}_M = \rho \hat{c}$。

当平面波垂直入射时，由于水的特性阻抗 $\hat{Z}_w = Z_w = \rho_w c_w$（忽略水的吸收），按照 I_1 的定义和导出的声透射系数计算公式，I_1 可表示为

$$I_1 = 20\log\frac{(m+1-jr)^2 e^{2jkd} - (m-1+jr)^2 e^{-2\alpha d}}{4m(1-jr)e^{(jkd-\alpha d)}} \qquad (1\text{-}47)$$

式中，$m = \rho c / (\rho_w c_w)$，为材料的特性阻抗与水的特性阻抗的实数比；$k = \omega / c$，为材料的波数；$\alpha$ 为材料中纵波的衰减系数；$r = \alpha / (\omega c)$，为材料的损耗参数。

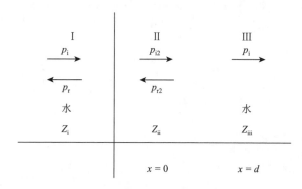

图 1-3　声波通过板材的反射和透射

对于无吸收材料或吸收可忽略的材料，式（1-47）可简化为

$$I_1 = 10\log\left[\frac{(1-m^2)^2}{4m^2}(\sin^2 kd) + 1\right] \qquad (1\text{-}48)$$

由式（1-48）可知，当 $kd = n\pi$ $(n = 0, 1, 2, \cdots)$时，$I_1 = 0$，所以对于任何非吸声材料，当其厚度为半波长的整数倍时，都会产生全透射现象。当阻抗完全匹配或者 $m = 1$ 时，也有 $I_1 = 0$。而当 $kd = (2n+1)\pi / 2$ $(n = 0, 1, 2, \cdots)$时，即当其厚度为 1/4 波长的奇数倍时，插入损失最大。

若用 $1/m$ 来代替式（1-48）中的 m，方程无改变。从物理意义上来说，这意味着对于 m 值互为倒数的高阻抗材料和低阻抗材料（例如：锡，$m = 12$；软木，$m = 1/12$）而言，在 kd 相等的情况下，可以产生相同的插入损失。

2. 回声降低 E_r

回声降低 E_r 的物理意义是对入射声压级经由材料或构件反射后降低程度的度量，主要用于描述声反射器和声吸收器（或消声覆盖层）的性能。E_r 的大小取决于反射边界上声阻抗的失配程度，而边界声阻抗取决于材料本身、材料厚度及材料的后背衬情况。

另外，如果声入射角是变化的，还可以进一步将 E_r 定义为在某指定反射角上的回声降低。有时我们最感兴趣的是镜面反射（如声学反射镜的反射），另外一些时候，大部分声能被非镜面反射（如非平面表面的反射），在所有的反射测试中都存在这种含混。因此，进行材料测试时必须首先明确其使用目的和待测声反射系数的种类。

按照 E_r 的定义和导出的声反射系数公式，E_r 可表示为[6]

$$E_r = 20\log\left[\frac{\dfrac{m+1-jr}{m-1+jr}e^{(jkd+\alpha d)} - \dfrac{m-1+jr}{m+1-jr}e^{(-jkd-\alpha d)}}{e^{(jkd+\alpha d)} - e^{(-jkd-\alpha d)}}\right] \qquad (1\text{-}49)$$

式中，m、k、α、r 与式（1-47）中的物理意义相同。

当材料的声吸收可以忽略时，式（1-49）简化为

$$E_r = 10\log\left\{\frac{4m^2}{(1-m^2)^2[\sin^2(kd)]} + 1\right\} \qquad (1\text{-}50)$$

由式（1-50）可知，当 $kd = (2n+1)\pi/2$（$n = 0, 1, 2, \cdots$）时，即当其厚度为 1/4 波长的奇数倍时，回声降低最小。当 m 很大或很小，即 $m \gg 1$ 或 $m \ll 1$ 时，回声降低才接近等于 0，但理论上是永远达不到 0 的。而当 $kd = n\pi$（$n = 0, 1, 2, \cdots$）时，式（1-50）中的正弦项为 0，对于任意有限值 m，回声降低都无限大，即对于任何非吸声材料，当其厚度为半波长的整数倍时，都会发生全透射；当然，$m = 1$ 时，回声降低也是无限大，这与通过式（1-48）得出的结论相同。

体积吸声材料可用声传播系数 $\gamma = \alpha + jk$ 来表征，其中 α 为衰减系数。除了 α 和 k 之外，一些其他参数，如损耗因子、损耗角、复数劲度、顺性及复数密度等，在特别情况下也是有用的。

参 考 文 献

[1]　刘伯胜，雷家煜. 水声学原理[M]. 2 版. 哈尔滨：哈尔滨工程大学出版社，2010.
[2]　张揽月，张明辉. 振动与声基础[M]. 哈尔滨：哈尔滨工程大学出版社，2016.
[3]　何祚镛，赵玉芳. 声学理论基础[M]. 北京：国防工业出版社，1981.
[4]　尤立克 R J. 海洋中的声传播[M]. 陈泽卿，译. 北京：海洋出版社，1990.
[5]　郑士杰，袁文俊，缪荣兴，等. 水声计量测试技术[M]. 哈尔滨：哈尔滨工程大学出版社，1995.
[6]　杜功焕，朱哲民，龚秀芬. 声学基础[M]. 3 版. 南京：南京大学出版社，2012.

第 2 章　水下黏弹性材料基本理论

2.1　水下黏弹性材料的动力学方程

同时具有固体的弹性和液体的黏性两种机理的形变，且能够综合地体现黏性流体和弹性固体两者特性的材料称为黏弹性材料。黏弹性材料可分为黏弹性固体和黏弹性流体，又可分为线性黏弹性体和非线性黏弹性体。若材料性能表现为线弹性和理想黏性特性的组合，则称为线性黏弹性。黏弹性材料在受到交变应力作用产生变形时，一部分能量会储存起来，另一部分能量则被转化为热能耗散掉，如金属、岩石、土壤、石油、混凝土、复合材料、聚合物等。黏弹性材料的主要特征依赖于温度、频率、加载速率和应变幅值等条件。

描述材料的应力-应变-时间关系的方程式称为本构方程，又称流变方程。进行黏弹性结构或黏弹性复合结构的振动分析时必然会涉及黏弹性材料的本构方程，黏弹性材料本构方程的形式对黏弹性结构或黏弹性复合结构的动力学分析过程具有决定性影响。由于黏弹性材料的主要特征受时间、温度、频率等因素的影响较大，在对黏弹性材料进行分析时，过程较为复杂。对此，国内外学者提出了许多黏弹性材料本构模型，其中典型和常用的有复常数模量模型、标准流变学模型、分数阶导数模型、分数指数模型和微振子模型等。

2.1.1　本构方程的基本形式

设黏弹性材料是线性、等温、均匀、各向同性的，它在时域内的本构关系一般可用玻尔兹曼固体积分形式表示[1]：

$$\sigma(t) = \int_{-\infty}^{t} G_{\mathrm{L}}(t-\tau)\mathrm{d}\varepsilon(\tau) = G_{\mathrm{L}}(t) * \mathrm{d}\varepsilon \tag{2-1}$$

也可以写为

$$\sigma(t) = \varepsilon(t) * \mathrm{d}G_{\mathrm{L}}(t) = \int_{-\infty}^{t} \varepsilon(\tau)\frac{\mathrm{d}G_{\mathrm{L}}(t-\tau)}{\mathrm{d}(t-\tau)}\mathrm{d}\tau$$

$$= G_{\mathrm{L}}(0)\varepsilon(t) + \int_{0}^{t} \varepsilon(\tau)\frac{\mathrm{d}G_{\mathrm{L}}(t-\tau)}{\mathrm{d}(t-\tau)}\mathrm{d}\tau \tag{2-2}$$

式中，$\sigma(t)$ 为应力；$\varepsilon(t)$ 为应变；"*"称为斯蒂尔切斯卷积；$G_{\mathrm{L}}(t)$ 为松弛模量，当 $t<0$ 时，$G_{\mathrm{L}}(t)=0$，$\varepsilon(t)=0$。

黏弹性材料的"衰减记忆"特征——松弛模量一般是连续的单调非增函数，从式（2-2）可以看出，该本构关系由两部分组成。

（1）即时应力部分：瞬时应变 $\varepsilon(t)$ 即时地产生相应的应力 $G_L(t)\varepsilon(t)$，$t = 0$ 时，$G_L(0)$ 称为即时模量。

（2）应力松弛部分：在应变保持不变的条件下，应力产生松弛现象。它由 $G_L(t)$ 和 $\varepsilon(t)$ 卷积给出，$G_L(t)$ 称为材料松弛函数。显然，在不同的松弛模量形式下，可导出不同形式的本构方程。

2.1.2 标准流变学模型

基于 Voigt-Kelvin 模型发展而来的松弛函数形式是[2]

$$G(t) = \alpha_0 + \sum_{k=1}^{N} a_k \mathrm{e}^{-b_k t} \tag{2-3}$$

式中，α_0、a_k、b_k（$k = 1, 2, \cdots, N$）为材料常数。

将式（2-3）代入式（2-1），可得一种等价的微分形式本构方程标准形式：

$$\sigma(t) + \sum_{k=1}^{N_1} p_k D^k \sigma(t) = q_0 \varepsilon(t) + \sum_{k=1}^{N} q_k D^k \varepsilon(t) \quad (N \geqslant N_1) \tag{2-4}$$

式中，p_k 和 q_k 是决定材料性质的常数；$D^k = \dfrac{\mathrm{d}^k}{\mathrm{d}t^k}$，是微分算子。

假设初始条件满足以下关系：

$$\sum_{r=k}^{N} p_r \sigma^{r-k}(0) = \sum_{r=k}^{N} q_r \varepsilon^{r-k}(0) \quad (k = 1, 2, \cdots, N) \tag{2-5}$$

则拉氏域的复模量为

$$G(s) = \frac{\displaystyle\sum_{j=0}^{N} q_j s^j}{1 + \displaystyle\sum_{j=1}^{N_1} p_j s^j} \tag{2-6}$$

令 $s = \mathrm{i}\omega$，则得到频域的复模量为

$$G(\mathrm{i}\omega) = \frac{\overline{\sigma}(\mathrm{i}\omega)}{\overline{\varepsilon}(\mathrm{i}\omega)} = G_R(\omega) + \mathrm{i}G_L(\omega) \tag{2-7}$$

其中，储能模量为

$$G_R(\omega) = G_L(0) - \sum_{r=1}^{N} \frac{\alpha_r}{1 + \left(\omega \big/ b_r\right)^2} \tag{2-8}$$

损耗模量为

$$G_{\mathrm{L}}(\omega) = \sum_{r=1}^{N} \frac{\left(\alpha_r / b_r\right)\omega}{1+\left(\omega / b_r\right)^2} \tag{2-9}$$

损耗因子为

$$\eta(\omega) = G_{\mathrm{L}}(\omega) / G_{\mathrm{R}}(\omega) = \frac{\displaystyle\sum_{r=1}^{N} \frac{\left(\alpha_r / b_r\right)\omega}{1+\left(\omega / b_r\right)^2}}{G_{\mathrm{L}}(0) - \displaystyle\sum_{r=1}^{N} \frac{\alpha_r}{1+\left(\omega / b_r\right)^2}} \tag{2-10}$$

由此可见，黏弹性材料力学性能的一个重要特性就是频变，利用式（2-10）可以拟合黏弹性材料的力学性能曲线。

黏弹性材料必然满足统一的本构关系，以下分别是其力学方程在时域和拉氏变换域的形式。进行黏弹性结构分析时最广泛应用的是有限元模型，由于它由单一黏弹性材料组成，可采用常规的有限元法，先构造单位模量的刚度矩阵 $[\boldsymbol{K}_V]$ 和常规的质量矩阵 $[\boldsymbol{M}_V]$，应用标准流变学模型，时域的黏弹结构动力学方程为[3]

$$[\boldsymbol{M}_V]\{\bar{x}(t)\} + G_{\mathrm{L}}(0)[\boldsymbol{K}_V]\{x(t)\} + \int_0^t \bar{G}_{\mathrm{L}}(t-\tau)[\boldsymbol{K}_V]\{x(\tau)\}\mathrm{d}\tau = \{f(t)\} \tag{2-11}$$

式中，$x(t)$ 为位移列阵；$f(t)$ 为激励列阵；左端第二项是即时弹性项；左端第三项是松弛项，略去松弛项即可得到无阻尼弹性结构，这与研究动力学结构振动有密切联系。

将式（2-11）的式子变换到拉氏域，即可得到其动力学方程为

$$(s^2[\boldsymbol{M}_V] + G^*(s)[\boldsymbol{K}_V])\{\bar{x}(s)\} = \{\bar{f}(s)\} + s[\boldsymbol{M}_V]\{x(0)\} + [\boldsymbol{M}_V]\{\bar{x}(0)\} \tag{2-12}$$

这与弹性结构动力学方程很相似，但材料的模量不是常量而是频变的，这种相似使之与对偶型结构有着某种联系。

2.1.3 分数阶导数模型

松弛函数的另一形式是衰减幂函数，即

$$G_{\mathrm{L}}(t) = \frac{a}{\Gamma(1-\alpha)t^{\alpha}} \quad (0<\alpha<1) \tag{2-13}$$

式中，Γ 为伽马函数，其定义为 $\Gamma(z) = \int_0^\infty \tau^{z-1}\mathrm{e}^{-\tau}\mathrm{d}\tau$，将式（2-13）代入式（2-1），可以得到另一种等价的本构方程形式——分数阶导数模型：

$$\sigma(t) = aD^\alpha \varepsilon(t) \quad (0 < \alpha < 1) \tag{2-14}$$

将式（2-14）直接进行推广，可得到一般的分数阶导数本构方程形式：

$$\sigma(t) + \sum_{k=1}^{N_1} \tilde{p}_k D^{\beta_k} \sigma(t) = \tilde{q}_0 + \sum_{k=1}^{N_2} q_k D^{\alpha_k} \varepsilon(t) \tag{2-15}$$

式中，α_k、β_k 均为小于 1 的正实数。

最常用的三参数分数导数模型——Kelvin-Voigt 模型为

$$\sigma(t) = E_0 \varepsilon(t) + E_1 D^\alpha [\varepsilon(T)] \tag{2-16}$$

四参数分数导数模型为

$$\sigma(t) + bD^\alpha [\sigma(T)] = E_0 \varepsilon(t) + E_1 D^\alpha [\varepsilon(T)] \tag{2-17}$$

式（2-16）和式（2-17）都可以看作式（2-15）的特例。

2.2　水下黏弹性材料的耦合方程

从水声学的角度，若想发挥水下目标的安全隐蔽、机动灵活的巨大优势，前提条件是要保证水下足够安静，因此水下目标的水下声隐蔽性问题受到了国内外的广泛关注。一方面，要对水下目标自身的振动声辐射水平进行有效控制。机械设备振动激励引起艇体振动，从而形成声辐射，是水下目标辐射噪声的重要组成部分。降低机械设备的振动，抑制艇体的振动，可以实现对艇体的辐射噪声控制。因此，在水下目标辐射噪声控制方面，各国都投入了大量的人力物力，采取了各种措施[4, 5]。另一方面，还要对水下目标自身的振动声辐射水平进行实时监测和预报，以确定艇体的安全活动半径。

声学覆盖层通常为一层各向同性的均匀橡胶层，利用自身的阻尼特性，可起到降低结构振动、减小声辐射的作用。对于均匀声学覆盖层的研究，有助于深入认识声学覆盖层的作用机理。本节以圆柱壳为敷设载体，首先给出覆盖层的近似建模方法，然后基于黏弹性理论推导给出覆盖层的严格建模方法，介绍黏弹性覆盖层的圆柱壳水下耦合方程及其振动特征。

2.2.1　近似建模方法

虽然均匀黏弹性层是最简单的声学覆盖层形式，但是在柱坐标下，敷设均匀声学覆盖层的圆柱壳的振动声辐射问题求解依然具有相当的复杂性。为简化计算，已经发展出了几种近似建模方法，这里对视作流体的建模方法和声阻抗法建模进行介绍。

1. 复合圆柱壳模型

声学覆盖层的建模离不开敷设载体，这里首先给出整个复合圆柱壳的振动声辐射解析计算模型。设圆柱壳长度为 L，截面半径为 a，壳厚度为 h，外面敷设一层均匀声学覆盖层，两端简支在半无限长刚硬圆柱障板上，置于无限大水域中，模型如图 2-1 所示。

图 2-1　复合圆柱壳模型

对圆柱壳运动的描述一般采用 Donnell 方程[6]，但由于该理论简化程度较大[7]，这里采用相对精确的 Flügge 薄壳理论[8]：

$$\begin{cases} L_{11}u + L_{12}v + L_{13}w = 0 \\ L_{21}u + L_{22}v + L_{23}w = 0 \\ L_{31}u + L_{32}v + L_{33}w = (1/\rho_p c_p^2 h)(f - p_c) \end{cases} \tag{2-18}$$

式中，u、v、w 分别为壳体轴向、周向和径向位移；$c_p = \sqrt{E/[(1-\gamma^2)\rho_p]}$，为平板中的平面波相速度，其中 E、γ、ρ_p 分别为壳体材料杨氏模量、泊松比和密度；f 为外激励力；p_c 为覆盖层对壳体的径向作用力；L_{ij} 为圆柱壳微分算子。

$$L_{11} = \frac{\partial^2}{\partial z^2} + \frac{1-\gamma}{2a^2}\frac{\partial^2}{\partial\phi^2} - \frac{1}{c_p^2}\frac{\partial^2}{\partial t^2} + \beta^2\frac{1-\gamma}{2a^2}\frac{\partial^2}{\partial\phi^2}$$

$$L_{12} = \frac{1+\gamma}{2a}\frac{\partial^2}{\partial\phi\partial z}, \quad L_{13} = \frac{\gamma}{a}\frac{\partial}{\partial z} - \beta^2 a\frac{\partial^3}{\partial z^3} + \beta^2\frac{1-\gamma}{2a}\frac{\partial^3}{\partial\phi^2\partial z}$$

$$L_{21} = L_{12}, \quad L_{22} = \frac{1-\gamma}{2}\frac{\partial^2}{\partial z^2} + \frac{1}{a^2}\frac{\partial^2}{\partial\phi^2} - \frac{1}{c_p^2}\frac{\partial^2}{\partial t^2} + \beta^2\frac{3(1-\gamma)}{2}\frac{\partial^2}{\partial z^2}$$

$$L_{23} = \frac{1}{a^2}\frac{\partial}{\partial\phi} - \beta^2\frac{3-\gamma}{2}\frac{\partial^3}{\partial\phi\partial z^2}, \quad L_{31} = L_{13}, \quad L_{32} = L_{23}$$

$$L_{33} = \frac{1}{a^2} + \beta^2\left(a^2\frac{\partial^4 w}{\partial z^4} + 2\frac{\partial^4 w}{\partial z^2\partial\phi^2} + \frac{1}{a^2}\frac{\partial^4 w}{\partial\phi^4}\right) + \frac{\beta^2}{a^2}\left(1 + 2\frac{\partial^2}{\partial\phi^2}\right) + \frac{1}{c_p^2}\frac{\partial^2}{\partial t^2}$$

式中，$\beta^2 = h^2/(12a^2)$。

由简支边界条件，壳体位移可以写成如下模态叠加的形式[省略 $\exp(\mathrm{j}\omega t)$][9]：

$$
\begin{pmatrix} u(\phi,z) \\ v(\phi,z) \\ w(\phi,z) \end{pmatrix} = \sum_{\alpha=0}^{1}\sum_{n=0}^{\infty}\sum_{m=0}^{\infty} \begin{pmatrix} U_{nm}^{\alpha}\sin\!\left(n\phi+\dfrac{\alpha\pi}{2}\right)\cos(k_m z) \\[8pt] V_{nm}^{\alpha}\cos\!\left(n\phi+\dfrac{\alpha\pi}{2}\right)\sin(k_m z) \\[8pt] W_{nm}^{\alpha}\sin\!\left(n\phi+\dfrac{\alpha\pi}{2}\right)\sin(k_m z) \end{pmatrix} \tag{2-19}
$$

式中，U_{nm}^{α}、V_{nm}^{α}、W_{nm}^{α} 分别为三个方向的模态展开系数；$k_m=m\pi/L$，为轴向波数；α 为 0 或 1，分别代表周向反对称或对称模态；$0\leqslant z\leqslant L$。

将外激励力和覆盖层对壳体的作用力 f 和 p_c 都进行与式（2-19）同样的模态分解，可得

$$
f=\sum_{\alpha=0}^{1}\sum_{n=0}^{\infty}\sum_{m=0}^{\infty}F_{nm}^{\alpha}\sin\!\left(n\phi+\frac{\alpha\pi}{2}\right)\sin(k_m z) \tag{2-20}
$$

$$
p_c=\sum_{\alpha=0}^{1}\sum_{n=0}^{\infty}\sum_{m=0}^{\infty}P_{nm}^{c\alpha}\sin\!\left(n\phi+\frac{\alpha\pi}{2}\right)\sin(k_m z) \tag{2-21}
$$

然后，将式（2-19）～式（2-21）代入式（2-18），根据模态正交性可得 (n,m) 模态下的壳体耦合方程：

$$
\begin{bmatrix} s_{11} & s_{12} & s_{13} \\ s_{21} & s_{22} & s_{23} \\ s_{31} & s_{32} & s_{33} \end{bmatrix} \begin{pmatrix} U_{nm}^{\alpha} \\ V_{nm}^{\alpha} \\ W_{nm}^{\alpha} \end{pmatrix} = \frac{1}{\rho_p c_p^2 h}\begin{pmatrix} 0 \\ 0 \\ F_{nm}^{\alpha}-P_{nm}^{c\alpha} \end{pmatrix} \tag{2-22}
$$

式中，

$$
s_{11}=-k_m^2-\frac{1-\gamma}{2a^2}n^2+\frac{\omega^2}{c_p^2}-\beta^2\frac{1-\gamma}{2a^2}n^2,\quad s_{12}=-\frac{1+\gamma}{2}nk_m
$$

$$
s_{13}=\frac{\gamma}{a}k_m+\beta^2 ak_m^3-\beta^2\frac{1-\gamma}{2a}n^2k_m,\quad s_{21}=s_{12}
$$

$$
s_{22}=-\frac{1-\gamma}{2}k_m^2-\frac{n^2}{a^2}+\frac{\omega^2}{c_p^2}-\beta^2\frac{3(1-\gamma)}{2}k_m^2 \tag{2-23}
$$

$$
s_{23}=\frac{n}{a^2}+\beta^2\frac{3-\gamma}{2}nk_m^2,\quad s_{31}=-s_{13},\quad s_{32}=-s_{23}
$$

$$
s_{33}=\frac{1}{a^2}+\beta^2\left(a^2k_m^4+2n^2k_m^2+\frac{n^4}{a^2}\right)+\frac{\beta^2}{a^2}(1-2n^2)-\frac{\omega^2}{c_p^2}
$$

对于外激励力 $f(\phi,z)$，可根据模态正交性由式（2-20）求得模态系数 F_{nm}^{α}，设在圆柱壳面 (ϕ_0,z_0) 处有一个幅值为 f_0 的径向集中激励力，表示形式为

$$
f(\phi,z)=\frac{f_0}{a}\delta(\phi-\phi_0)\delta(z-z_0) \tag{2-24}
$$

则其模态系数可以写为

$$F_{nm}^{\alpha} = \begin{cases} \dfrac{2}{\pi aL} f_0 \sin\left(n\phi_0 + \dfrac{\alpha\pi}{2}\right)\sin(k_m z_0) & (\alpha = 0) \\[4mm] \dfrac{\varepsilon_n}{\pi aL} f_0 \sin\left(n\phi_0 + \dfrac{\alpha\pi}{2}\right)\sin(k_m z_0) & (\alpha = 1) \end{cases} \tag{2-25}$$

式中，$n=0$ 时，$\varepsilon_n = 1$；$n \neq 0$ 时，$\varepsilon_n = 2$。对于其他形式的激励力，可类似求得相应的 F_{nm}^{α}。

覆盖层对壳体的径向作用力 p_c 的计算相对复杂，经过模态正交分解，同样可以得到模态系数 $P_{nm}^{c\alpha}$，连同式（2-25）代入式（2-22），可求得各位移模态系数，再由式（2-18）可求得壳体任意位置处的位移响应。

覆盖层外表面振动带动周围流体波动产生声辐射，对于圆柱壳体的声辐射解析，目前都是采用基于圆柱壳两端简支在半无限长刚硬圆柱障板的模型。因此，外表面位移可以写为

$$w_f(\phi,z) = \begin{cases} \displaystyle\sum_{\alpha=0}^{1}\sum_{n=0}^{\infty}\sum_{m=0}^{\infty} W_{nm}^{f\alpha} \sin\left(n\phi + \dfrac{\alpha\pi}{2}\right)\sin(k_m z) & (0 \leqslant z \leqslant L) \\[4mm] 0 & (z < 0 \text{或} z > L) \end{cases} \tag{2-26}$$

辐射声场写为如下形式：

$$p_f(r,\phi,z) = \sum_{\alpha=0}^{1}\sum_{n=0}^{\infty}\sum_{m=0}^{\infty} A_{nm}^{\alpha} p_{rm}(r) p_{zm}(z) \sin\left(n\phi + \frac{\alpha\pi}{2}\right) \tag{2-27}$$

经过 z 方向的空间傅里叶变换，解得空间波数域下的形式解，再进行傅里叶逆变换，求得空间声压与壳面位移的关系：

$$\begin{cases} p_f(r,\phi,z) = \displaystyle\sum_{\alpha=0}^{1}\sum_{n=0}^{\infty}\sum_{m=0}^{\infty} \rho\omega^2 W_{nm}^{f\alpha} k_m \sin\left(n\phi + \dfrac{\alpha\pi}{2}\right) \\[3mm] \qquad\times \dfrac{1}{2\pi}\displaystyle\int_{-\infty}^{+\infty} \dfrac{1}{k_m^2 - \lambda^2} \dfrac{[1-(-1)^m e^{-j\lambda L}]H_n^{(2)}(\sqrt{k^2 - \lambda^2}\, r)}{\sqrt{k^2 - \lambda^2} H_n^{(2)\prime}(\sqrt{k^2 - \lambda^2}\, r_0)} e^{j\lambda z}\,\mathrm{d}\lambda \quad (k \geqslant \lambda) \\[5mm] p_f(r,\phi,z) = \displaystyle\sum_{\alpha=0}^{1}\sum_{n=0}^{\infty}\sum_{m=0}^{\infty} \rho\omega^2 W_{nm}^{f\alpha} k_m \sin\left(n\phi + \dfrac{\alpha\pi}{2}\right) \\[3mm] \qquad\times \dfrac{1}{2\pi}\displaystyle\int_{-\infty}^{+\infty} \dfrac{1}{k_m^2 - \lambda^2} \dfrac{[1-(-1)^m e^{-j\lambda L}]K_n(\sqrt{\lambda^2 - k^2}\, r)}{\sqrt{\lambda^2 - k^2} K_n^{\prime}(\sqrt{\lambda^2 - k^2}\, r_0)} e^{j\lambda z}\,\mathrm{d}\lambda \quad (k < \lambda) \end{cases} \tag{2-28}$$

式中，r_0 为覆盖层外表面柱半径。

对覆盖层外表面声压进行如下模态分解：

$$p_f(r_0,\phi,z) = \sum_{\alpha=0}^{1}\sum_{n=0}^{\infty}\sum_{m=0}^{\infty} P_{nm}^{f\alpha} \sin\left(n\phi + \frac{\alpha\pi}{2}\right)\sin(k_m z) \tag{2-29}$$

根据模态正交性，可得

$$P_{nm}^{f\alpha} = \sum_{q=0}^{\infty} W_{nq}^{f\alpha} Z_{nmq} \tag{2-30}$$

式中，Z_{nmq} 为圆柱面的声辐射阻抗，有如下表示形式：

$$Z_{nmq} = \begin{cases} \dfrac{8}{\pi L}\rho\omega^2 k_q k_m \displaystyle\int_0^{+\infty} \dfrac{1}{k_q^2-\lambda^2}\dfrac{1}{k_m^2-\lambda^2}\dfrac{1}{\sqrt{k^2-\lambda^2}}\dfrac{H_n^{(2)}\left(\sqrt{k^2-\lambda^2}\,r\right)}{H_n^{(2)\prime}\left(\sqrt{k^2-\lambda^2}\,r_0\right)}\Psi\mathrm{d}\lambda & (k \geqslant \lambda) \\[4mm] \dfrac{8}{\pi L}\rho\omega^2 k_q k_m \displaystyle\int_0^{+\infty} \dfrac{1}{k_q^2-\lambda^2}\dfrac{1}{k_m^2-\lambda^2}\dfrac{1}{\sqrt{\lambda^2-k^2}}\dfrac{K_n\left(\sqrt{\lambda^2-k^2}\,r\right)}{K_n'\left(\sqrt{\lambda^2-k^2}\,r_0\right)}\Psi\mathrm{d}\lambda & (k < \lambda) \end{cases}$$

(2-31)

$$\Psi = \begin{cases} \cos^2\dfrac{\lambda L}{2} & (m、q都是奇数) \\[3mm] \sin^2\dfrac{\lambda L}{2} & (m、q都是偶数) \end{cases}$$

(2-32)

有研究表明，相比自辐射阻抗，互辐射阻抗是次要的[10]，若忽略互辐射阻抗，则式（2-30）可以写为

$$P_{nm}^{f\alpha} = W_{nm}^{f\alpha} Z_{nmm}$$

(2-33)

复合圆柱壳的辐射声功率定义为

$$P_W = \int_0^L \int_0^{2\pi} \frac{1}{2}\mathrm{Re}[p_f(j\omega w_f)^*]r_0\mathrm{d}\phi\mathrm{d}z$$

(2-34)

式中，*表示共轭。

将式（2-26）和式（2-27）代入式（2-34），可得

$$P_W = \sum_{n=0}^{\infty}\sum_{m=0}^{\infty}\frac{\pi r_0 L}{4}\mathrm{Re}\left[-j\omega W_{nm}^{f0*}\sum_{q=0}^{\infty}W_{nq}^{f0}Z_{nmq}\right]$$
$$+ \sum_{n=0}^{\infty}\sum_{m=0}^{\infty}\frac{\varepsilon_n \pi r_0 L}{4}\mathrm{Re}\left[-j\omega W_{nm}^{f1*}\sum_{q=0}^{\infty}W_{nq}^{f1}Z_{nmq}\right]$$

(2-35)

式中，$n=0$ 时，$\varepsilon_n=2$；$n \neq 0$ 时，$\varepsilon_n=1$。

外表面均方振速定义为

$$\langle \dot{w}_f^2 \rangle = \frac{1}{2\pi r_0 L}\int_0^L \int_{-\pi}^{\pi}\dot{w}_f \dot{w}_f^* r_0 \mathrm{d}\phi\mathrm{d}z$$

(2-36)

将式（2-26）和式（2-27）代入式（2-36），可得

$$\langle \dot{w}_f^2 \rangle = \sum_{n=0}^{\infty}\sum_{m=0}^{\infty}\frac{1}{4}\omega^2 |W_{nm}^{f0}|^2 + \sum_{n=0}^{\infty}\sum_{m=0}^{\infty}\frac{\varepsilon_n}{4}\omega^2 |W_{nm}^{f1}|^2$$

(2-37)

对于覆盖层内侧均方振速，可以由内侧位移模态系数类似求得。

2. 视作流体的覆盖层建模

对于均匀黏弹性覆盖层，一般认为纵波作用是主要的，因此出于简化计算模型的考虑，一些学者将覆盖层近似视作流体[11, 12]，利用波动方程进行覆盖层建模：

$$\nabla^2 p_c + k^2 p_c = 0$$

(2-38)

式中，$k = \omega / c_1$，为覆盖层纵波波数，其中 c_1 为纵波波速。

声学覆盖层厚度远小于圆柱壳半径，因此认为覆盖层周向和轴向振动模式与壳面一致，而径向位移则是半径 r 的函数，则声学覆盖层内的声压形式解可以采用壳体位移模态叠加的形式表示：

$$p_{\text{c}}(r,\phi,z) = \sum_{\alpha=0}^{1}\sum_{n=0}^{\infty}\sum_{m=0}^{\infty} P_{nm}^{\text{c}\alpha}(r)\sin\left(n\phi + \frac{\alpha\pi}{2}\right)\sin(k_m z) \tag{2-39}$$

将式（2-39）代入式（2-38），可以解得

$$P_{nm}^{\text{c}\alpha}(r) = \begin{cases} A_{nm}^{\alpha} J_n\!\left(\sqrt{k^2 - k_m^2}\,r\right) + B_{nm}^{\alpha} Y_n\!\left(\sqrt{k^2 - k_m^2}\,r\right) & (k \geqslant k_m) \\ C_{nm}^{\alpha} I_n\!\left(\sqrt{k_m^2 - k^2}\,r\right) + D_{nm}^{\alpha} K_n\!\left(\sqrt{k_m^2 - k^2}\,r\right) & (k < k_m) \end{cases} \tag{2-40}$$

在声学覆盖层与壳体的交界面 $(r = a)$ 及声学覆盖层与外流体的交界面 $(r = r_0)$ 处，分别满足如下位移连续和压力连续的边界条件：

$$w = w_{\text{c}}\big|_{r=a}, \quad p_{\text{c}}\big|_{r=r_0} = p_{\text{f}}\big|_{r=r_0}, \quad w_{\text{c}}\big|_{r=r_0} = w_{\text{f}}\big|_{r=r_0} \tag{2-41}$$

另外，在声学覆盖层中，声压和位移满足如下关系：

$$w_{\text{c}} = \frac{1}{\rho\omega^2}\frac{\partial p_{\text{c}}}{\partial r} \tag{2-42}$$

联立式（2-41）和式（2-42），并转换到模态空间：

$$W_{nm}^{\alpha} = \frac{1}{\rho\omega^2}\frac{\mathrm{d}P_{nm}^{\text{c}\alpha}}{\mathrm{d}r}\bigg|_{r=a}, \quad P_{nm}^{\text{c}\alpha}\big|_{r=r_0} = P_{nm}^{\text{f}\alpha}\big|_{r=r_0}, \quad \frac{1}{\rho\omega^2}\frac{\mathrm{d}P_{nm}^{\text{c}\alpha}}{\mathrm{d}r}\bigg|_{r=r_0} = W_{nm}^{\text{f}\alpha}\big|_{r=r_0} \tag{2-43}$$

然后利用覆盖层外表面声压与位移的关系式，可得

$$\frac{1}{\rho\omega^2}\frac{\mathrm{d}P_{nm}^{\text{c}\alpha}}{\mathrm{d}r}\bigg|_{r=a} = W_{nm}^{\alpha}, \quad P_{nm}^{\text{c}\alpha}\big|_{r=r_0} = \frac{1}{\rho\omega^2}\frac{\mathrm{d}P_{nm}^{\text{c}\alpha}}{\mathrm{d}r}\bigg|_{r=r_0} Z_{nmm} \tag{2-44}$$

将式（2-30）代入式（2-44），当 $k \geqslant k_m$ 时，可解得

$$A_{nm}^{\alpha} = \frac{T_4 W_{nm}^{\alpha}}{T_1 T_4 - T_2 T_3}, \quad B_{nm}^{\alpha} = \frac{T_3 W_{nm}^{\alpha}}{T_2 T_3 - T_1 T_4} \tag{2-45}$$

当 $k < k_m$ 时，可得

$$C_{nm}^{\alpha} = \frac{t_4 W_{nm}^{\alpha}}{t_1 t_4 - t_2 t_3}, \quad D_{nm}^{\alpha} = \frac{t_3 W_{nm}^{\alpha}}{t_2 t_3 - t_1 t_4} \tag{2-46}$$

令 $K_m = \sqrt{k^2 - k_m^2}$，则有

$$T_2 = Y_n'(K_m a) K_m / (\rho\omega^2)$$

$$T_3 = J_n(K_m r_0) - Z_{nmm} J_n'(K_m r_0) K_m / (\rho\omega^2)$$

$$T_4 = Y_n(K_m r_0) - Z_{nmm} Y_n'(K_m r_0) K_m / (\rho\omega^2)$$

令 $\kappa_m = \sqrt{k_m^2 - k^2}$，则有

$$t_2 = K'_n(\kappa_m a)\kappa_m / (\rho\omega^2)$$
$$t_3 = I_n(\kappa_m r_0) - Z_{nmm} I'_n(\kappa_m r_0)\kappa_m / (\rho\omega^2)$$
$$t_4 = K_n(\kappa_m r_0) - Z_{nmm} K'_n(\kappa_m r_0)\kappa_m / (\rho\omega^2)$$

将式（2-45）和式（2-46）代入式（2-40），然后将式（2-40）计算结果代入式（2-39），并取 $r=a$，即可得到覆盖层对壳体的作用力；代入式（2-19），即可对复合壳的水下耦合振动问题进行求解。若已求得 W_{nm}^{α}，由式（2-45）、式（2-46）、式（2-39）、式（2-40）、式（2-42）可容易求得覆盖层任意位置处的位移响应。

3. 声阻抗法覆盖层建模

声学覆盖层的声振特性还可以用声阻抗矩阵来描述，声阻抗矩阵可以通过实验测试得到，该方法简单易行，但是由于实验在声管中进行，只能对覆盖层小样品进行测试，测试结果与大样品结果还有一定的差异。声阻抗矩阵定义为[13]

$$\begin{pmatrix} p_c \\ p_f \end{pmatrix} = \begin{bmatrix} Z_{11} & Z_{12} \\ Z_{21} & Z_{22} \end{bmatrix} \begin{pmatrix} \dot{w}_c \\ \dot{w}_f \end{pmatrix} \tag{2-47}$$

式中，p_c 和 $\dot{w}_c$ 分别为覆盖层与圆柱壳界面上的径向作用力和振速；p_f 和 $\dot{w}_f$ 分别为覆盖层和外流体界面上的声压和振速；Z_{ij} 为测试得到的声阻抗矩阵元素，式（2-47）可以改写为

$$\begin{pmatrix} p_c \\ \dot{w}_c \end{pmatrix} = \begin{bmatrix} G_{11} & G_{12} \\ G_{21} & G_{22} \end{bmatrix} \begin{pmatrix} p_f \\ \dot{w}_f \end{pmatrix} \tag{2-48}$$

式中，$G_{11} = Z_{11}/Z_{21}$；$G_{12} = Z_{12} - Z_{11}Z_{22}/Z_{21}$；$G_{21} = 1/Z_{21}$；$G_{22} = -Z_{22}/Z_{21}$。

在模态空间下，式（2-48）可以写为

$$\begin{cases} P_{nm}^{c\alpha} = G_{11}P_{nm}^{f\alpha} + j\omega G_{12}W_{nm}^{f\alpha} \\ j\omega W_{nm}^{c\alpha} = G_{21}P_{nm}^{f\alpha} + j\omega G_{22}W_{nm}^{f\alpha} \end{cases} \tag{2-49}$$

再利用覆盖层与外流体交界面上的阻抗关系式，可得覆盖层对圆柱壳的作用力，用圆柱壳位移表示为

$$P_{nm}^{c\alpha} = \frac{G_{11}Z_{nmm} + j\omega G_{12}}{G_{21}Z_{nmm} + j\omega G_{22}} j\omega W_{nm}^{\alpha} \tag{2-50}$$

将式（2-50）代入式（2-19），即可对复合壳的水下耦合振动问题进行求解。若已经求得壳体位移 W_{nm}^{α}，由式（2-50）可以容易地求得覆盖层外表面位移。

2.2.2　严格建模方法

将声学覆盖层视作流体的建模及声阻抗法建模都属于近似建模方法，可以用 Navier 方程严格描述均匀黏弹性声学覆盖层的运动状态，有学者采用厚度方向泰

勒级数展开的方式求解[14-17]，依然属于近似解法。本节采用模态叠加法在柱坐标系下直接对 Navier 方程进行求解，并进行模型检验。

1. 复合圆柱壳模型

将声学覆盖层视作流体的建模和声阻抗法建模都仅考虑了黏弹性覆盖层对圆柱壳的径向纵波作用，实际上，圆柱壳径向、周向、轴向都存在相互作用力，研究模型如图 2-1 所示。黏弹性覆盖层作用下的圆柱壳运动方程用 Flügge 薄壳理论描述如下：

$$\begin{cases} L_{11}u + L_{12}v + L_{13}w = -\dfrac{1}{\rho_p c_p^2 h}\sigma_{rz} \\[2mm] L_{21}u + L_{22}v + L_{23}w = -\dfrac{1}{\rho_p c_p^2 h}\sigma_{r\phi} \\[2mm] L_{31}u + L_{32}v + L_{33}w = \dfrac{1}{\rho_p c_p^2 h}(f + \sigma_{rr}) \end{cases} \tag{2-51}$$

式中，L_{ij} 为圆柱壳微分算子，L_{ij} 及 u、v、w 等符号参见式（2-18）；σ_{rz}、$\sigma_{r\phi}$、σ_{rr} 分别为覆盖层对圆柱壳的轴向、周向、径向作用应力。

圆柱壳位移及外激励力模态分解表达式见式（2-19）和式（2-20）。覆盖层对圆柱壳的作用力可写为如下模态叠加形式：

$$\begin{cases} \sigma_{rz} = \sum\limits_{\alpha=0}^{1}\sum\limits_{n=0}^{\infty}\sum\limits_{m=0}^{\infty} F_{nm}^{\sigma z\alpha}\sin\left(n\phi + \dfrac{\alpha\pi}{2}\right)\cos(k_m z) \\[3mm] \sigma_{r\phi} = \sum\limits_{\alpha=0}^{1}\sum\limits_{n=0}^{\infty}\sum\limits_{m=0}^{\infty} F_{nm}^{\sigma\phi\alpha}\cos\left(n\phi + \dfrac{\alpha\pi}{2}\right)\sin(k_m z) \\[3mm] \sigma_{rr} = \sum\limits_{\alpha=0}^{1}\sum\limits_{n=0}^{\infty}\sum\limits_{m=0}^{\infty} F_{nm}^{\sigma r\alpha}\sin\left(n\phi + \dfrac{\alpha\pi}{2}\right)\sin(k_m z) \end{cases} \tag{2-52}$$

将式（2-52）代入式（2-51），根据模态正交性，可以得到模态空间下复合圆柱壳的水下耦合方程：

$$\begin{bmatrix} s_{11} & s_{12} & s_{13} \\ s_{21} & s_{22} & s_{23} \\ s_{31} & s_{32} & s_{33} \end{bmatrix} \begin{pmatrix} U_{nm}^\alpha \\ V_{nm}^\alpha \\ W_{nm}^\alpha \end{pmatrix} = \frac{1}{\rho_p c_p^2 h}\begin{pmatrix} 0 \\ 0 \\ F_{nm}^\alpha \end{pmatrix} + \frac{1}{\rho_p c_p^2 h}\begin{pmatrix} -F_{nm}^{\sigma z\alpha} \\ -F_{nm}^{\sigma\phi\alpha} \\ F_{nm}^{\sigma r\alpha} \end{pmatrix} \tag{2-53}$$

式中，s_{ij} 参见式（2-23）。

关于点激励表达式、耦合方程、辐射声功率及均方振速的求解等可参见 2.2.1 节。

2. 黏弹性覆盖层建模

采用 Navier 方程来描述声学覆盖层的运动[18]：

$$\mu^*\nabla^2\boldsymbol{u} + (\lambda^* + \mu^*)\nabla(\nabla\cdot\boldsymbol{u}) = \rho\frac{\partial^2\boldsymbol{u}}{\partial t^2} \tag{2-54}$$

式中，u 为覆盖层内质点位移矢量；ρ 为密度；λ^* 和 μ^* 为复拉梅系数，它们与复杨氏模量和泊松比的关系见式（2-55）。

$$\lambda^* = \frac{E_c^* \gamma}{(1+\gamma)(1-2\gamma)}, \quad \mu^* = \frac{E_c^*}{2(1+\gamma)} \tag{2-55}$$

式中，$E_c^* = E_c(1-\mathrm{j}\eta_c)$，为复杨氏模量，其中 E_c、η_c 分别为杨氏模量实部和阻尼损耗因子；γ 为泊松比。

用一个标量势函数 Ψ 和一个矢量势函数 H 表示位移矢量，可以写为

$$u = \nabla \Psi + \nabla \times H, \quad \nabla \cdot H = F(r,t) \tag{2-56}$$

由于式（2-56）中的第二式描述了场变换的规范不变性，$F(r,t)$ 可选为任意函数，将其代入式（2-54），经推导可知两个势函数满足 Helmholtz 方程：

$$\nabla^2 \Psi = \frac{1}{c_1^2} \frac{\partial^2 \Psi}{\partial t^2}, \quad \nabla^2 H = \frac{1}{c_t^2} \frac{\partial^2 H}{\partial t^2} \tag{2-57}$$

式中，$c_1 = \sqrt{(\lambda^* + 2\mu^*)/\rho}$，为黏弹性体中的纵波波速；$c_t = \sqrt{\mu^*/\rho}$，为剪切波波速。

考虑到覆盖层厚度相比柱半径来说为小量，因此认为覆盖层周向和轴向振动位移模式与壳体一致，参考壳体位移模态叠加形式，式（2-57）的势函数形式解可以写为

$$\begin{cases} \Psi = f(r)\sin\left(n\phi + \frac{\alpha\pi}{2}\right)\sin(k_m z) \\[2mm] H_r = g_r(r)\cos\left(n\phi + \frac{\alpha\pi}{2}\right)\cos(k_m z) \\[2mm] H_f = g_\phi(r)\sin\left(n\phi + \frac{\alpha\pi}{2}\right)\cos(k_m z) \\[2mm] H_z = g_3(r)\cos\left(n\phi + \frac{\alpha\pi}{2}\right)\sin(k_m z) \end{cases} \tag{2-58}$$

将式（2-58）代入式（2-57），并通过定义微分算子 $B_{n,x} = \left[\dfrac{\partial^2}{\partial x^2} + \dfrac{1}{x}\dfrac{\partial}{\partial x} - \left(\dfrac{n^2}{x^2} - 1\right)\right]$，

可得

$$\begin{cases} B_{n,\kappa_1 r}[f] = 0 \\ B_{n,\kappa_t r}[g_3] = 0 \\ B_{n-1,\kappa_t r}[g_r - g_\phi] = 0 \\ B_{n+1,\kappa_t r}[g_r + g_\phi] = 0 \end{cases} \tag{2-59}$$

式中，$\kappa_1 = \sqrt{\omega^2/c_1^2 - k_m^2}$；$\kappa_t = \sqrt{\omega^2/c_t^2 - k_m^2}$。

式（2-59）即贝塞尔方程的形式，如果 κ_1^2 或 κ_t^2 大于零，则解的形式为第一类

和第二类贝塞尔函数 $J_n(\cdot)$ 和 $Y_n(\cdot)$ 的组合；如果 κ_1^2 或 κ_t^2 小于零，则解的形式为第一类和第二类修正贝塞尔函数 $K_n(\cdot)$ 和 $I_n(\cdot)$ 的组合。这里仅以 $J_n(\cdot)$ 和 $Y_n(\cdot)$ 的组合为例，式（2-59）可以写为

$$\begin{cases} f = AJ_n(\kappa_1 r) + BY_n(\kappa_1 r) \\ g_3 = A_3 J_n(\kappa_t r) + B_3 Y_n(\kappa_t r) \\ 2g_1 = (g_r - g_\phi) = 2A_1 J_{n-1}(\kappa_t r) + 2B_1 Y_{n-1}(\kappa_t r) \\ 2g_2 = (g_r + g_\phi) = 2A_2 J_{n+1}(\kappa_t r) + 2B_2 Y_{n+1}(\kappa_t r) \end{cases} \tag{2-60}$$

应用规范不变性，g_1、g_2 和 g_3 三个函数中任意一个置零，不会影响解的一般性，这里设 $g_1 = 0$，则有

$$g_r = g_\phi = g_2 \tag{2-61}$$

将其代入式（2-60），即可求得 f、g_r、g_ϕ、g_3 的具体表达形式。

下面导出覆盖层内位移与应力的具体表达形式[19]：将式（2-56）展开，可得

$$\begin{cases} u_r = \dfrac{\partial \Psi}{\partial r} + \dfrac{1}{r}\dfrac{\partial H_z}{\partial \phi} - \dfrac{\partial H_f}{\partial z} \\[2mm] u_\phi = \dfrac{1}{r}\dfrac{\partial \Psi}{\partial \phi} + \dfrac{\partial H_r}{\partial z} - \dfrac{\partial H_z}{\partial r} \\[2mm] u_z = \dfrac{\partial \Psi}{\partial z} + \dfrac{1}{r}\dfrac{\partial(r H_f)}{\partial r} - \dfrac{1}{r}\dfrac{\partial H_r}{\partial \phi} \end{cases} \tag{2-62}$$

将式（2-58）代入式（2-62），经过简单推导可得覆盖层位移的表达式：

$$\begin{cases} u_r = \left[A\kappa_1 J_n'(\kappa_1 r) + B\kappa_1 Y_n'(\kappa_1 r) - \dfrac{n}{r} A_3 J_n(\kappa_t r) - \dfrac{n}{r} B_3 Y_n(\kappa_t r) \right. \\ \qquad \left. + k_m A_2 J_{n+1}(\kappa_t r) + k_m B_2 Y_{n+1}(\kappa_t r) \right] \sin\left(n\phi + \dfrac{\alpha\pi}{2}\right)\sin(k_m z) \\[3mm] u_\phi = \left[\dfrac{n}{r} A J_n(\kappa_1 r) + \dfrac{n}{r} B Y_n(\kappa_1 r) - k_m A_2 J_{n+1}(\kappa_t r) - k_m B_2 Y_{n+1}(\kappa_t r) \right. \\ \qquad \left. - A_3 \kappa_t J_n'(\kappa_t r) - B_3 \kappa_t Y_n'(\kappa_t r) \right] \cos\left(n\phi + \dfrac{\alpha\pi}{2}\right)\sin(k_m z) \\[3mm] u_z = \left[k_m A J_n(\kappa_1 r) + k_m B Y_n(\kappa_1 r) + A_2 \kappa_t J_{n+1}'(\kappa_t r) + B_2 \kappa_t Y_{n+1}'(\kappa_t r) \right. \\ \qquad \left. + \dfrac{n+1}{r} A_2 J_{n+1}(\kappa_t r) + \dfrac{n+1}{r} B_2 Y_{n+1}(\kappa_t r) \right] \sin\left(n\phi + \dfrac{\alpha\pi}{2}\right)\cos(k_m z) \end{cases} \tag{2-63}$$

由黏弹性理论可得，应变与位移之间的关系为

$$\varepsilon_{rr} = \dfrac{\partial u_r}{\partial r}, \quad \varepsilon_{r\phi} = \dfrac{1}{2}\left[\dfrac{1}{r}\dfrac{\partial u_r}{\partial \phi} + \dfrac{\partial u_\phi}{\partial r} - \dfrac{u_\phi}{r} \right], \quad \varepsilon_{rz} = \dfrac{1}{2}\left[\dfrac{\partial u_r}{\partial z} + \dfrac{\partial u_z}{\partial r} \right] \tag{2-64}$$

应力与应变之间的关系为

$$\sigma_{rr} = \lambda^* \Delta + 2\mu^* \varepsilon_{rr}, \quad \sigma_{r\phi} = 2\mu^* \varepsilon_{r\phi}, \quad \sigma_{rz} = 2\mu^* \varepsilon_{rz} \tag{2-65}$$

式中，Δ 为体积相对变化量。

$$\Delta = \nabla^2 \Psi = -\frac{\omega^2}{c_1^2} f \sin\left(n\phi + \frac{\alpha\pi}{2}\right) \sin(k_m z) \tag{2-66}$$

联立式（2-64）～式（2-66），得到应力与位移之间的关系：

$$\sigma_{rr} = \lambda^* \Delta + 2\mu^* \frac{\partial u_r}{\partial r}, \quad \sigma_{r\phi} = \mu^*\left[\frac{1}{r}\frac{\partial u_r}{\partial \phi} + \frac{\partial u_\phi}{\partial r} - \frac{u_\phi}{r}\right]$$

$$\sigma_{rz} = \mu^*\left[\frac{\partial u_r}{\partial z} + \frac{\partial u_z}{\partial r}\right] \tag{2-67}$$

将式（2-58）、式（2-62）代入式（2-67），即得到覆盖层内应力的形式表达式：

$$\begin{cases}
\sigma_{rr} = \left[-\lambda^* \dfrac{\omega^2}{c_1^2} f + 2\mu^*\left(f'' + \dfrac{n}{r^2} g_3 - \dfrac{n}{r} g_3' + k_m g_2'\right)\right] \\
\qquad \cdot \sin\left(n\phi + \dfrac{\alpha\pi}{2}\right)\sin(k_m z) \\
\sigma_{r\phi} = \mu^*\left[-\dfrac{2n}{r^2} f + \dfrac{2n}{r} f' - \dfrac{n^2}{r^2} g_3 + \dfrac{1}{r} g_3' - g_3'' + \dfrac{n+1}{r} k_m g_2 - k_m g_2'\right] \\
\qquad \cdot \cos\left(n\phi + \dfrac{\alpha\pi}{2}\right)\sin(k_m z) \\
\sigma_{rz} = \mu^*\left[2k_m f' - \dfrac{n}{r} k_m g_3 + \left(k_m^2 - \dfrac{n+1}{r^2}\right) g_2 + \dfrac{n+1}{r} g_2' + g_2''\right] \\
\qquad \cdot \sin\left(n\phi + \dfrac{\alpha\pi}{2}\right)\cos(k_m z)
\end{cases} \tag{2-68}$$

进一步将式（2-60）代入式（2-68），即可得到覆盖层应力势函数中系数 A、B、A_2、B_2、A_3、B_3 表示的形式。在覆盖层与圆柱壳的交界面上，即代入 $r = a$，并参照覆盖层对圆柱壳作用力的模态叠加，即得到用势函数系数表示的覆盖层对圆柱壳作用力的模态系数：

$$\{F_{nm}^{\sigma z\alpha} \quad F_{nm}^{\sigma\phi\alpha} \quad F_{nm}^{\sigma r\alpha}\}^{\mathrm{T}} = [\boldsymbol{TF}]_{3\times 6}\{A \quad B \quad A_2 \quad B_2 \quad A_3 \quad B_3\}^{\mathrm{T}} \tag{2-69}$$

式中，$\boldsymbol{TF}$ 为相应系数矩阵，这里不再赘述；关于 A、B 等势函数系数的求解还需要结合覆盖层两侧边界条件获得。

在壳体与声学覆盖层的交界面（$r = a$）处，满足覆盖层位移和壳体位移的连续性条件，在模态空间下有

$$W_{nm}^{\sigma r\alpha}\big|_{r=a} = W_{nm}^\alpha, \quad W_{nm}^{\sigma\phi\alpha}\big|_{r=a} = V_{nm}^\alpha, \quad W_{nm}^{\sigma z\alpha}\big|_{r=a} = U_{nm}^\alpha \tag{2-70}$$

式中，$W_{nm}^{\sigma r\alpha}$、$W_{nm}^{\sigma\phi\alpha}$、$W_{nm}^{\sigma z\alpha}$ 分别为覆盖层位移 u_r、u_ϕ、u_z 的模态系数。

在声学覆盖层与外流体的交界面 $(r=r_0)$ 上，满足应力连续和位移连续的边界条件，在模态空间下有如下关系成立：

$$F_{nm}^{\sigma r \alpha}\big|_{r=r_0}=-P_{nm}^{f\alpha}\big|_{r=r_0}, \quad F_{nm}^{\sigma \phi \alpha}\big|_{r=r_0}=0, \quad F_{nm}^{\sigma z \alpha}\big|_{r=r_0}=0$$

$$W_{nm}^{\sigma r \alpha}\big|_{r=r_0}=W_{nm}^{f\alpha}\big|_{r=r_0} \tag{2-71}$$

联立式（2-70）和式（2-71），以及覆盖层外表面阻抗关系［式（2-33）］，经推导，即可得到用圆柱壳位移模态系数 U_{nm}^{α}、V_{nm}^{α}、W_{nm}^{α} 表示的势函数系数 A、B、A_2、B_2、A_3、B_3，简记为如下矩阵关系式：

$$\{A \quad B \quad A_2 \quad B_2 \quad A_3 \quad B_3\}^{\mathrm{T}}$$
$$=[\boldsymbol{TM}]_{6\times6}\{U_{nm}^{\alpha} \quad V_{nm}^{\alpha} \quad W_{nm}^{\alpha} \quad 0 \quad 0 \quad 0\}^{\mathrm{T}} \tag{2-72}$$

将式（2-72）代入式（2-60），并取 $r=a$，即得到用圆柱壳模态位移表示的覆盖层对圆柱壳的模态作用力：

$$\{F_{nm}^{\sigma r \alpha} \quad F_{nm}^{\sigma \phi \alpha} \quad F_{nm}^{\sigma z \alpha}\}^{\mathrm{T}}\big|_{r=a}$$
$$=([\boldsymbol{TF}]_{3\times6}[\boldsymbol{TM}]_{6\times6})\big|_{r=a}\{U_{nm}^{\alpha} \quad V_{nm}^{\alpha} \quad W_{nm}^{\alpha} \quad 0 \quad 0 \quad 0\}^{\mathrm{T}} \tag{2-73}$$

这样，将式（2-73）代入式（2-53），复合壳耦合方程仅剩下壳体位移为未知量，解得壳体位移，复合壳水下耦合振动问题得到求解。

关于覆盖层外侧位移的求解，在已知圆柱壳振动位移的情况下，联立式（2-63）和式（2-72），并取覆盖层外侧位移径向坐标 $r=r_0$ 即可。

2.3　水下黏弹性平板材料的基本声学性能

为了实现对结构振动和辐射噪声的有效控制，常在金属艇体表面敷设黏弹性阻尼材料，或者直接采用新型复合材料代替金属结构。利用材料的声阻尼作用，黏弹性材料把接收到的声能转换为热能而消耗掉，降低目标反射强度，甚至消除物体的反射。为了更好地实现这些声学功能，除了将材料本身设计成具有某些性能外，如压电特性、黏弹特性等，还往往在材料中加入一些空腔或微粒等声学结构。

复合矩形板是构成船舶、水下目标的基本单元，研究水下声辐射问题是研究船舶、水下目标声隐身问题的基础。国内外关于敷设黏弹性自由阻尼层的结构振动与声辐射的计算主要分为两类方法：第一类是将阻尼层按类似流体的处理方式。白振国等[11]、陶猛等[12]分析敷设覆盖层的复杂圆柱壳体的水下声辐射时采用了这种方法，该方法忽略剪切波作用，在一定程度上简化了计算过程，但研究人员并未定量分析覆盖层剪切波分量对复合板声辐射的影响，所得结果具有一定局限。第二类是采用三维弹性理论来描述覆盖层的动力学特性。Berry 等[20]在计算敷设阻尼材料的板壳声辐射问题时，采用三维 Navier 方程来描述阻尼材料的运动。三维弹性理论需要利用三维弹性方程，结合应力和位移的边界条件，以及连续性条件联合求解,虽然结果精度高,但由于对应力-应变的分布没有作任何近似处理,分析过程较复杂。

本节介绍求解自由阻尼层复合板振动声辐射的简化理论,底板仍采用 Kirchhoff 理论进行分析,黏弹性覆盖层则采用 Mindlin 中厚板理论进行分析(二维弹性理论),最后结合哈密顿原理得到系统的运动方程。据此求解声辐射问题,所得的方程维数上要小于三维弹性理论对应的方程,这在一定程度上简化了运算。

2.3.1　复合板振动与声辐射方程

1)问题描述与基本假设

如图 2-2 所示,一个长度为 a、宽度为 b 的敷设自由阻尼层的复合板,其四边均简支于无限大刚性障板上,覆盖层的上半空间为无限大水域,底板下的下半空间真空,考虑在横向谐和点力激励下复合板的声辐射问题。h_1、h_2 分别表示底板和覆盖层的厚度(以下均用下标 1 代表底板,下标 2 代表覆盖层)。

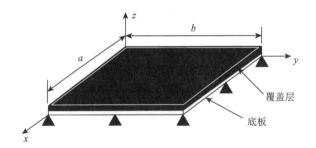

图 2-2　敷设自由阻尼层的复合板

在推导运动方程之前作如下基本假设:①底板由金属薄板构成,仅考虑横向弯曲及面内拉伸运动;②黏弹性覆盖层相对较厚,考虑其横向弯曲、拉伸、剪切运动;③两层的横向位移相等。

2)位移场描述

如图 2-3 所示为复合板几何形变图。

由于底板由弹性薄板构成,可用 Kirchhoff 理论描述其位移场:

$$u_1(x,y,z,t) = -z\frac{\partial w}{\partial x} \tag{2-74}$$

$$v_1(x,y,z,t) = -z\frac{\partial w}{\partial y} \tag{2-75}$$

$$w_1(x,y,t) = w_0 \tag{2-76}$$

式中,u_1、v_1 为面内拉伸位移;w_1 为底板横向位移。

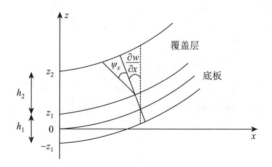

图 2-3 复合板几何形变

由于覆盖层具有一定厚度，用 Mindlin 中厚板理论来描述其位移场：

$$u_2(x,y,z,t) = -z\frac{\partial w}{\partial x} - (z-z_1)\psi_x \qquad (2\text{-}77)$$

$$v_2(x,y,z,t) = -z\frac{\partial w}{\partial y} - (z-z_1)\psi_y \qquad (2\text{-}78)$$

$$w_2(x,y,t) = w_0 \qquad (2\text{-}79)$$

式中，w_2 为覆盖层横向位移；ψ_x、ψ_y 分别代表在 x、y 方向由剪切应变产生的转角。

3）应变与位移的关系

底板中应变与位移的关系为

$$\varepsilon_x^{(1)} = -z\frac{\partial^2 w_0}{\partial x^2} \qquad (2\text{-}80)$$

$$\varepsilon_y^{(1)} = -z\frac{\partial^2 w_0}{\partial y^2} \qquad (2\text{-}81)$$

$$\gamma_{xy}^{(2)} = -2z\frac{\partial^2 w_0}{\partial x\partial y} \qquad (2\text{-}82)$$

覆盖层中应变与位移的关系为

$$\varepsilon_x^{(2)} = -z\frac{\partial^2 w_0}{\partial x^2} - (z-z_1)\frac{\partial\psi_x}{\partial x} \qquad (2\text{-}83)$$

$$\varepsilon_y^{(2)} = -z\frac{\partial^2 w_0}{\partial y^2} - (z-z_1)\frac{\partial\psi_y}{\partial y} \qquad (2\text{-}84)$$

$$\gamma_{xy}^{(2)} = -2z\frac{\partial^2 w_0}{\partial x\partial y} - (z-z_1)\left(\frac{\partial\psi_x}{\partial y} + \frac{\partial\psi_y}{\partial x}\right) \qquad (2\text{-}85)$$

$$\gamma_{xz}^{(2)} = -\psi_x \qquad (2\text{-}86)$$

$$\gamma_{yz} = -\psi_y \qquad (2\text{-}87)$$

4）应力与应变的关系

底板中应力与应变的关系为

$$\begin{bmatrix} \sigma_x \\ \sigma_y \\ \tau_{xy} \end{bmatrix}^{(1)} = \frac{E_1}{1-\upsilon_1^2} \begin{bmatrix} 1 & \upsilon_1 & 0 \\ \upsilon_1 & 1 & 0 \\ 0 & 0 & (1-\upsilon_1)/2 \end{bmatrix} \begin{bmatrix} \varepsilon_x \\ \varepsilon_y \\ \gamma_{xy} \end{bmatrix}^{(1)} \qquad (2\text{-}88)$$

式中，υ_1 为底板材料的泊松比。

覆盖层中应力与应变的关系为

$$\begin{bmatrix} \sigma_x \\ \sigma_y \\ \tau_{xy} \\ \tau_{xz} \\ \tau_{yz} \end{bmatrix}^{(2)} = \frac{E_2}{1-\upsilon_2^2} \begin{bmatrix} 1 & \upsilon_2 & 0 & 0 & 0 \\ \upsilon_2 & 1 & 0 & 0 & 0 \\ 0 & 0 & (1-\upsilon_2)/2 & 0 & 0 \\ 0 & 0 & 0 & (1-\upsilon_2)/2 & 0 \\ 0 & 0 & 0 & 0 & (1-\upsilon_2)/2 \end{bmatrix} \begin{bmatrix} \varepsilon_x \\ \varepsilon_y \\ \gamma_{xy} \\ \gamma_{xz} \\ \gamma_{yz} \end{bmatrix}^{(2)} \qquad (2\text{-}89)$$

式中，υ_2 为覆盖层材料的泊松比。

5）变分法公式

由哈密顿（Hamilton）原理可知：

$$\int_{t_1}^{t_2} \delta(T - V + W_{\text{ex}}) \mathrm{d}t = 0 \qquad (2\text{-}90)$$

式中，T 代表系统动能；V 代表系统应变能；W_{ex} 代表外力做功；δ 代表变分。

根据文献中的经验[21]，在计算动能时可以仅考虑横向运动的动影响，得到系统的动能 T 为

$$T = \frac{1}{2} \int_S m_{12} \dot{w}_0^2 \mathrm{d}S \qquad (2\text{-}91)$$

式中，m_{12} 为系统等效质量，其表达式为

$$m_{12} = \rho_1 h_1 + \rho_2 h_2 \qquad (2\text{-}92)$$

系统的应变能包含两部分，第一部分是底板做弯曲运动时的应变能 V_{b1}，另一部分是覆盖层的弯曲应变能 V_{b2} 及剪切应变能 V_{s2}。结合系统的应力-应变关系［式（2-80）和式（2-89）］可得到相应的应变能，底板弯曲应变能 V_{b1} 为[22]

$$V_{\text{b1}} = \frac{1}{2} \frac{E_1}{1-\upsilon_1^2} \int_S \int_{-z_1}^{z_1} \langle \varepsilon_x^{(1)} \ \ \varepsilon_y^{(1)} \ \ \gamma_{xy}^{(1)} \rangle \begin{bmatrix} 1 & \upsilon_1 & 0 \\ \upsilon_1 & 1 & 0 \\ 0 & 0 & (1-\upsilon_1)/2 \end{bmatrix} \begin{Bmatrix} \varepsilon_x^{(1)} \\ \varepsilon_y^{(1)} \\ \gamma_{xy}^{(1)} \end{Bmatrix} \mathrm{d}x\mathrm{d}y\mathrm{d}z$$

$$= \frac{D_1}{2} \int_S \left[\left(\frac{\partial^2 w_0}{\partial x^2} \right)^2 + \left(\frac{\partial^2 w_0}{\partial y^2} \right)^2 + 2\upsilon_1 \frac{\partial^2 w_0}{\partial x^2} \frac{\partial^2 w_0}{\partial y^2} + 2(1-\upsilon_1) \left(\frac{\partial^2 w_0}{\partial x \partial y} \right)^2 \right] \mathrm{d}S \qquad (2\text{-}93)$$

覆盖层弯曲应变能 V_{b2} 为

$$V_{\text{b2}} = \frac{1}{2} \frac{E_2}{1-\upsilon_2^2} \int_S \int_{z_1}^{z_2} \langle \varepsilon_x^{(2)} \ \ \varepsilon_y^{(2)} \ \ \gamma_{xy}^{(2)} \rangle \begin{bmatrix} 1 & \upsilon_2 & 0 \\ \upsilon_2 & 1 & 0 \\ 0 & 0 & (1-\upsilon_2)/2 \end{bmatrix} \begin{Bmatrix} \varepsilon_x^{(2)} \\ \varepsilon_y^{(2)} \\ \gamma_{xy}^{(2)} \end{Bmatrix} \mathrm{d}x\mathrm{d}y\mathrm{d}z$$

$$
\begin{aligned}
= \frac{1}{2} \int_s D_2 & \left[\left(\frac{\partial^2 w_0}{\partial x^2} \right)^2 + \left(\frac{\partial^2 w_0}{\partial y^2} \right)^2 + 2\upsilon_2 \frac{\partial^2 w_0}{\partial x^2} \frac{\partial^2 w_0}{\partial y^2} + 2(1-\upsilon_2) \left(\frac{\partial^2 w_0}{\partial x \partial y} \right)^2 \right] \\
+ D_3 & \left[\left(\frac{\partial \psi_x}{\partial x} \right)^2 + \left(\frac{\partial \psi_y}{\partial y} \right)^2 + 2\upsilon_2 \frac{\partial \psi_x}{\partial x} \frac{\partial \psi_y}{\partial y} + \frac{1-\upsilon_2}{2} \left(\frac{\partial \psi_x}{\partial y} + \frac{\partial \psi_y}{\partial x} \right)^2 \right] \\
+ 2D_4 & \left[\left(\frac{\partial^2 w_0}{\partial x^2} \frac{\partial \psi_x}{\partial x} + \frac{\partial^2 w_0}{\partial y^2} \frac{\partial \psi_y}{\partial y} \right) + \upsilon_2 \left(\frac{\partial^2 w_0}{\partial x^2} \frac{\partial \psi_y}{\partial y} + \frac{\partial^2 w_0}{\partial y^2} \frac{\partial \psi_x}{\partial x} \right) \right. \\
& \left. + (1-\upsilon_2) \frac{\partial^2 w_0}{\partial x \partial y} \left(\frac{\partial \psi_x}{\partial y} + \frac{\partial \psi_y}{\partial x} \right) \right] \mathrm{d}S
\end{aligned}
\tag{2-94}
$$

式中，D_1、D_2、D_3、D_4 为刚度系数。

覆盖层的剪切应变能 V_{s2} 为

$$
\begin{aligned}
V_{s2} &= \frac{1}{2} \int_S \int_{z_1}^{z_2} \langle \gamma_{xz} \quad \gamma_{yz} \rangle \begin{Bmatrix} \tau_{xz} \\ \tau_{yz} \end{Bmatrix} \mathrm{d}x \mathrm{d}y \mathrm{d}z \\
&= \frac{1}{2} C_2 \int_S (\psi_x^2 + \psi_y^2) \mathrm{d}S
\end{aligned}
\tag{2-95}
$$

式中，$C_2 = \kappa h_2 E_2 / 2(1+\upsilon_2)$，其中 κ 为剪切修正因子，对于各向同性材料，$\kappa = 5/6$。

将动能和应变能表达式代入哈密顿原理表达式（2-90），再经过进一步处理得到系统的自由振动方程（外力为 0 时）：

$$
(D_1 + D_2)\nabla^4 w + D_4 \nabla^2 \theta + m_{12} \frac{\partial^2 w}{\partial t^2} = 0
\tag{2-96}
$$

$$
D_4 \nabla^4 w + D_3 \nabla^2 \theta - C_2 \theta = 0
\tag{2-97}
$$

式中，$\theta = \partial \psi_x / \partial x + \partial \psi_y / \partial y$。

6）声场声压

外场声压 $p(x, y, t)$ 的表达式可由 Rayleigh 积分公式得到：

$$
p = \frac{\mathrm{i}\rho_0 \omega}{2\pi} \int_{S_p} \dot{w}(x', y') \frac{\mathrm{e}^{-\mathrm{i}k_0 R}}{R} \mathrm{d}x' \mathrm{d}y'
\tag{2-98}
$$

式中，ρ_0 为流体密度；k_0 为声场波数；$\dot{w}(x', y')$ 为板表面振速分布；R 为板表面上的点与场点的距离。

7）复合板流载运动方程

将激励力 F 和外场声压 p 代入复合板自由振动方程，即可得到流固耦合方程：

$$
(D_1 + D_2)\nabla^4 w + D_4 \nabla^2 \theta - m_{12} \omega^2 w = F - p
\tag{2-99}
$$

$$
D_4 \nabla^4 w + D_3 \nabla^2 \theta - C_2 \theta = 0
\tag{2-100}
$$

当复合板四边满足简支边界条件时，利用模态展开法可将形式解设为

$$
w = \sum_{m=1}^{\infty} \sum_{n=1}^{\infty} a_{mn} \sin(k_m x) \sin(k_n y)
\tag{2-101}
$$

$$\theta = \sum_{m=1}^{\infty} \sum_{n=1}^{\infty} \theta_{mn} \sin(k_m x) \sin(k_n y) \qquad (2\text{-}102)$$

将形式解代入流固耦合方程可以求得横向位移模态展开系数 a_{mn}，进一步可以求得系统的均方振速、辐射声功率和辐射效率。

2.3.2　覆盖层重要物理参数对复合板声辐射的影响

覆盖层的物理参数对复合板的声辐射有较大的影响，合理选取材料的物理参数，可以有效地控制结构辐射噪声。下面重点分析覆盖层的损耗因子 η_2、杨氏模量 E_2、厚度 h_2 对复合板声辐射的影响。

所分析的模型几何尺寸和材料参数与 2.3.1 节一致，在分析时，保持其余参数不变，仅改变要分析的参数数值，观察辐射声功率的变化。

1）覆盖层损耗因子对声辐射的影响

损耗因子是衡量黏弹性材料阻尼特性的重要指标，损耗因子越大，说明材料把振动能量转化为热能损耗掉的效率越高。如图 2-4 所示，增大覆盖层的损耗因子能有效地降低谐振峰值处的辐射声功率级，而对非谐振峰处的辐射声功率级影响不大，且改变损耗因子不会产生明显的频率偏移现象。

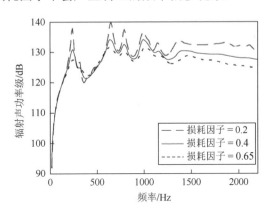

图 2-4　覆盖层损耗因子对声辐射的影响

2）覆盖层杨氏模量对声辐射的影响

杨氏模量是影响材料刚度的主要因素，因此对复合板的振动分布及声辐射有很大的影响。图 2-5 为覆盖层材料取三个不同量级的杨氏模量时，复合板的辐射声功率级频响曲线。从图中可看出，在其他参数不变的情况下，覆盖层的杨氏模量越低，复合板的辐射声功率级越低，这说明覆盖层取较"软"的材料时更容易消耗结构振动能量。

事实上，用自由阻尼层能量损耗机理也可以很好地解释以上现象，复合板在受到外力激励时，覆盖层会随着底板的运动而运动，由于覆盖层外表面没有受到约束作用，其内部运动以拉伸为主。当覆盖层材料较"软"时，更容易产生这种拉伸形变，也就是说此时能量更容易被消耗掉。

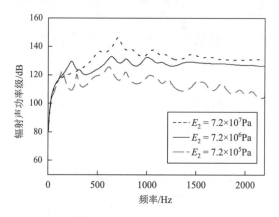

图 2-5　覆盖层杨氏模量对声辐射的影响

3）覆盖层厚度对辐射声功率的影响

如图 2-6 所示为覆盖层厚度对辐射声功率级的影响，在某些频段内，改变覆盖层厚度对声辐射的影响非常明显，例如，在 1000～1500Hz 频段内，增加覆盖层厚度能有效地降低辐射声功率级，但并不是厚度越大时辐射声功率级就越小，当厚度增加到一定的程度，系统阻尼将趋于定值。而且在某些频段内增加阻尼层厚度，辐射声功率级非但没有降低还有可能增加，这是因为厚度改变了质量和刚度分布，可能产生了新模态峰值。另外，覆盖层越厚，系统的质量负载越大，同时也会带来频率峰值偏移。因此，要根据设计要求合理设计覆盖层厚度，既要降低辐射声功率级，又不使原结构动力学行为产生太大的变化。

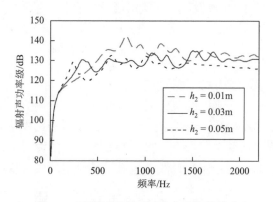

图 2-6　覆盖层厚度对辐射声功率的影响

参 考 文 献

[1] 陈前，朱德懋. 粘弹结构动力学分析[J]. 振动工程学报，1989（3）：42-52.

[2] 陈前，朱德懋. 关于复合结构振动分析中粘弹性材料本构方程的形式[J]. 应用力学学报，1987（1）：44-56，117.

[3] 陈前，朱德懋，周蒂莲. 粘弹性阻尼结构的动特性分析[J]. 航空学报，1986（1）：36-45.

[4] 俞孟萨，黄国荣，伏同先. 潜艇机械噪声控制技术的现状与发展概述[J]. 船舶力学，2003，7（4）：110-120.

[5] 姚耀中，林立. 潜艇机械噪声控制技术综述[J]. 舰船科学技术，2007，29（1）：21-26.

[6] Junger M C, Feit D. Sound, structures and their interaction[M]. Cambridge：The MIT Press，1986.

[7] 曹志远. 板壳振动理论[M]. 北京：中国铁道出版社. 1989：302-308.

[8] 何祚镛. 结构振动与声辐射[M]. 哈尔滨：哈尔滨工程大学出版社，2001.

[9] 周锋，骆东平，蔡敏波，等. 有限长环肋圆柱壳低阶模态声辐射性能分析[J]. 应用科技，2004（9）：38-41.

[10] Laulagenet B，Guyader J L. Modal analysis of a shell's acoustic radiation in light and heavy fluids[J]. Journal of Sound and Vibration，1989，131（3）：397-415.

[11] 白振国，俞孟萨. 多层声学覆盖层复合的有限长弹性圆柱壳声辐射特性研究[J]. 船舶力学，2007（5）：144-153.

[12] 陶猛，汤渭霖，范军. 柔性去耦覆盖层降噪机理分析[J]. 船舶力学，2010，14（4）：421-429.

[13] 白振国，胡东森，沈琪，等. 水声管声学层无背衬声阻抗测试方法研究[J]. 船舶力学，2018，22（12）：1575-1584.

[14] 陈美霞，骆东平，彭旭，等. 敷设阻尼材料的双层圆柱壳声辐射性能分析[J]. 声学学报，2003（6）：486-493.

[15] 严谨，李天匀，刘敬喜，等. 基于波传播分析的水下粘弹性复合圆柱壳振动功率流研究[J]. 船舶力学，2007（5）：780-787.

[16] 严谨，李志强，边金. 基于波传播方法的水下阻尼复合圆柱壳声辐射分析[J]. 舰船科学技术，2007（3）：61-64.

[17] Laulagnet B，Guyader J L. Sound radiation from finite cylindrical coated shells，by means of asymptotic expansion of three-dimensional equations for coating[J]. Acoustical Society of America Journal，1994，96（1）：277-286.

[18] Gazis D C. Three-dimensional investigation of the propagation of waves in hollow circular cylinders. I. analytical foundation[J]. The Journal of the Acoustical Society of America，1959，31（5）：573-578.

[19] 张超，商德江，李琪. 阻尼层对水下圆柱壳辐射声场的去耦特性影响[J]. 噪声与振动控制，2014，34（2）：22-27.

[20] Berry A，Foin O. Three-dimensional elasticity model for a decoupling coating on a rectangular plate immersed in a heavy fluid[J]. The Journal of the Acoustical Society of America，2001，109（6）：2704-2714.

[21] 何祚镛. 水声作用下矩形弹性-粘弹性复合板的振动和散射声近场（I）-矩形复合板的振动分析[J]. 声学学报，1985，10（6）：344-357.

[22] 胡昊灏，商德江. 复合层合矩形板水下声辐射解析计算[J]. 噪声与振动控制，2014，34（1）：205-208，217.

第 3 章　黏弹性材料动力学参数测试方法

　　黏弹性材料在提高结构抗振能力、降低噪声、延长设备寿命等水下设备和工程设计中有重要的应用，研发具有耐水压、温度适应性好、宽频段特性的新一代黏弹性水声材料已成为水声技术的关键。新一代水声材料研究的核心是力学参数和结构的优化设计，而对动力学参数的准确掌握是实现优化设计的前提。可以将材料视为一个动力学系统，通过获取系统激励与响应之间的关系，来获得系统的动态特征，进而进行系统的识别和设计。

　　测试技术及理论不断发展改进，黏弹性材料声学参数主要由其动力学参数决定，而动力学参数的测试方法多种多样，部分已成为公认的测试标准，还有很多方法处于尝试研究探讨阶段。为了更加合理有效地利用这些材料，准确地测试其力学性能参数是至关重要的。动力学参数的测试方法可以分为两大类：一类是通过测试材料的振动响应推算其动力学参数，如自由衰减振动法、强迫共振法、强迫非共振法等；另一类是通过对材料的声学特征进行测试反演得到其动力学参数，如声传播测试法、脉冲法、阻抗管法及消声水池法等[1]。

3.1　自由衰减振动法

　　作为一种基础的力学结构，悬臂梁在实际中有广泛的应用，在力学和振动分析中具有典型性。本章将以悬臂梁作为研究对象，从理论角度将其等效简化为单自由度振动系统，建立和推导自由衰减振动的数学模型，并对悬臂梁的基本振动特征进行分析。

3.1.1　振动系统微分方程

　　将悬臂梁振动系统等效成由弹簧、阻尼和质量构成的理想单自由度体系。假设被测的悬臂梁试样为黏性阻尼系统，各向同性且均质分布，服从胡克定律，则建立质量-弹性-阻尼振动模型（图 3-1），分析系统的受力[2]。

　　图 3-1 中，mg 为向下的物体重力；k 为弹性系数；c 为黏性阻尼系数；m 为质量；x 为物体离开初始平衡位置的位移；δ 为物体在初始平衡位置时弹簧的伸长量；$\dot{x}$ 为运动速度，即位移对时间 t 的一阶导数。作用在物体上的有效力为

$$(k\delta - kx) - c\dot{x} = mg \qquad (3\text{-}1)$$

式中，$k\delta - kx$ 为向上的弹性作用力；$-c\dot{x}$ 为向下的运动阻力。

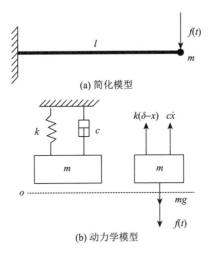

(a) 简化模型

(b) 动力学模型

图 3-1　悬臂梁振动系统理想单自由度体系模型

若系统不受外力，即外激励力 $f(t) = 0$，根据牛顿第二定律，将物体作为质点研究，则物体的运动微分方程为

$$kx - c\dot{x} = m\ddot{x} \qquad (3\text{-}2)$$

式中，$\ddot{x}$ 为加速度，即位移对时间 t 的二阶导数，记 $\omega_n^2 = \dfrac{k}{m}$，其中 ω_n 为无阻尼情况下的圆频率，则有

$$\ddot{x} + \frac{c}{m}\dot{x} + \omega_n^2 x = 0 \qquad (3\text{-}3)$$

这是二阶线性齐次微分方程，根据常微分方程理论，设微分方程的解为

$$x(t) = \bar{u}\mathrm{e}^{rt} \qquad (3\text{-}4)$$

式中，r 为一个常数；t 为时间，将式（3-4）代入运动微分方程（3-2）中，得到相应的特征方程：

$$r^2 + \frac{c}{m}r + \omega_n^2 = 0 \qquad (3\text{-}5)$$

求解特征方程，得到一对特征根：

$$r_{1,2} = -\frac{c}{2m} \pm \sqrt{\left(\frac{c}{2m}\right)^2 - \omega_n^2} \tag{3-6}$$

作为黏性阻尼振动，$\frac{c}{2m} - \omega_n < 0$，为了方便分析特征根，引入一个无量纲参数——阻尼比 ξ，用它来表示实际阻尼系数 c 和临界阻尼系数 c_0 之比[3]：

$$\xi = \frac{c}{c_0} = \frac{c}{2m} \bigg/ \sqrt{\frac{k}{m}} = \frac{c}{2\sqrt{2m}} = \frac{c}{2m\omega_n} \tag{3-7}$$

系统出现临界阻力的条件是 $\frac{c_0}{m} = 2\omega_n$，则

$$c_0 = 2m\omega_n = 2m\sqrt{\frac{k}{m}} = 2\sqrt{km}$$

又因为 $\frac{c}{m} = \left(\frac{c}{c_0}\right)\left(\frac{c_0}{m}\right) = \xi(2\omega_n) = 2\xi\omega_n$，故微分方程可写为

$$\ddot{x} + 2\xi\omega_n\dot{x} + \omega_n^2 x = 0 \tag{3-8}$$

于是，特征根的表达形式变为

$$r_{1,2} = -\xi\omega_n \pm \sqrt{\xi^2 - 1} \tag{3-9}$$

此解是能使式（3-3）成立的微分方程的值，故式（3-5）的通解可写成如下形式：

$$r_{1,2} = A_1 e^{r_1 t} + A_2 e^{r_2 t} \tag{3-10}$$

式中，A_1 和 A_2 是任意两个常数，由运动的初始条件决定。

3.1.2　固有频率和主振频率

梁的横向自由振动的运动微分方程为

$$\frac{\partial^2}{\partial x^2}\left(EJ\frac{\partial^2 y}{\partial x^2}\right) + \rho A\frac{\partial^2 y}{\partial t^2} = 0 \tag{3-11}$$

根据对杆的纵向振动的分析，该式的解可用 x 的函数 $Y(x)$ 与 t 的谐函数的乘积表示，即

$$y(x,t) = Y(x)[A\cos(\omega t) + B\cos(\omega t)]$$

式中，$Y(x)$ 为主振型或振型函数，即梁上各点按振型 $Y(x)$ 做同步谐振动。

对于等截面梁，运动微分方程又可写成

$$\frac{\mathrm{d}^4}{\mathrm{d}x^4}Y(x) = \beta^4 Y(x)$$

式中，$\beta^4 = \dfrac{\omega^2}{\alpha^2}$，$\alpha^2 = \dfrac{EJ}{\rho A}$。

则通解为

$$Y(x) = C_1\sin(\beta x) + C_2\cos(\beta x) + C_3\mathrm{sh}(\beta x) + C_4\mathrm{ch}(\beta x) \tag{3-12}$$

根据梁的边界条件可以确定 β 值及振型函数 $Y(x)$ 中的待定常数因子。边界条件中要考虑 4 个量，即挠度、转角、弯矩和剪力，梁的每个端点都与其中的两个量有关。

由于本节研究的对象主体为悬臂梁，一端固定、一端自由，其边界条件为

$$Y\big|_{x=0} = 0, \quad \frac{\mathrm{d}Y(x)}{\mathrm{d}x}\bigg|_{x=0} = 0, \quad \frac{\mathrm{d}^2Y(x)}{\mathrm{d}x^2}\bigg|_{x=0} = 0, \quad \frac{\mathrm{d}^3Y(x)}{\mathrm{d}x^3}\bigg|_{x=0} = 0$$

将上式代入微分方程的通解可得

$$C_2 = C_4 = 0, \quad C_1 + C_3 = 0$$

$$C_1[\sin(\beta l) + \mathrm{sh}(\beta l)] + C_2[\cos(\beta l) + \mathrm{ch}(\beta l)] = 0$$

$$C_1[\cos(\beta l) + \mathrm{ch}(\beta l)] + C_2[\sin(\beta l) + \mathrm{sh}(\beta l)] = 0$$

由以上三式联立方程组得

$$[\sin(\beta l) + \mathrm{sh}(\beta l)][-\sin(\beta l) + \mathrm{sh}(\beta l)] - [\cos(\beta l) + \mathrm{ch}(\beta l)]^2 = 0 \tag{3-13}$$

解得

$$\cos(\beta l)\mathrm{ch}(\beta l) = -1 \tag{3-14}$$

式（3-14）是悬臂梁的频率方程，方程的前三个根为

$$\beta_1 l = 1.875, \quad \beta_2 l = 4.694, \quad \beta_3 l = 7.855$$

所以固有频率的通式为

$$\omega_i = \beta_i^2\alpha = (\beta_i l)^2\sqrt{\frac{EJ}{\rho A l^4}} \quad (i = 1,2,3,\cdots) \tag{3-15}$$

主振型函数为

$$Y_i(x) = C_i\left\{\cos(\beta_i x) - \mathrm{ch}(\beta_i x) + \frac{\sin(\beta_i l) - \mathrm{sh}(\beta_i l)}{\cos(\beta_i l) - \mathrm{ch}(\beta_i l)}[\sin(\beta_i l) - \mathrm{sh}(\beta_i l)]\right\} \tag{3-16}$$

由此可得出悬臂梁前三阶主振型如图 3-2 所示。

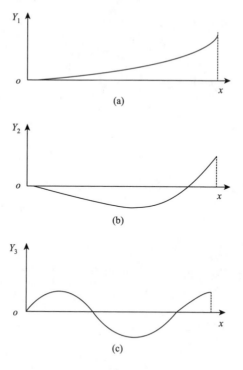

图 3-2　悬臂梁的前三阶主振型

　　以上是自由衰减振动的数学模型及其振动方程。利用自由衰减的方法测试材料的动力学参数，其实质是用一定重量的压板放在阻尼材料试样上构成单自由度系统，然后对压板中心施加一定的激励，测定试样底部的受力响应衰减曲线，从而确定出频率、杨氏模量实部及材料的损耗因子。采用这种方法时要求压板重量与材料性能相适应，否则无法得到较好的衰减曲线。

　　自由振动衰减法[4]是一种常用的测试结构阻尼特性的方法。如图 3-3（a）所示，机械振动系统受到瞬时的或持续的激励以后，接受了能量的输入并产生振动响应。激励停止以后，输入的能量受系统阻尼的作用而逐渐损耗，响应也将逐渐衰减，最终达到静止状态。如图 3-3（b）所示，随时间变化的自由衰减振动位移为

$$x = x_0 \mathrm{e}^{-\xi\omega_\mathrm{n}t}\cos(\omega_\mathrm{d}t - \varphi) \tag{3-17}$$

式中，x_0 为振幅（m）；φ 为相位差（rad）；ω_d 为有阻尼固有频率（rad/s）；ω_n 为无阻尼固有频率（rad/s），$\omega_\mathrm{d} = \omega_\mathrm{n}\sqrt{1-\xi^2} \approx \omega_\mathrm{n}$。

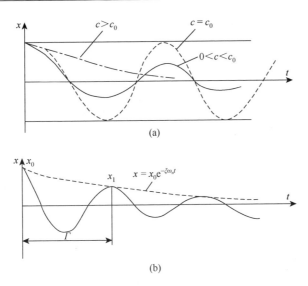

图 3-3　自由衰减振动的时域波形

采用自由振动衰减法测试阻尼值，可直接得到对数衰减率 δ：

$$\delta = \frac{1}{N}\ln\frac{x_0}{x} = \frac{1}{N}\ln\frac{x(t_0)}{x(t_N)} = 2\pi\xi \qquad （3\text{-}18）$$

则

$$\xi = \frac{\delta}{2\pi}$$

自由振动衰减法的测试框图如图 3-4 所示。在结构件 2 上可以施加不同性质的力：脉冲力、阶跃力、随机力或正弦力等。图中表示的是对构件施加锤击脉冲

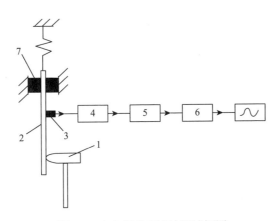

图 3-4　自由振动衰减法测试框图

1-力锤；2-结构件；3-传感器；4-带通滤波器；5-放大器；6-数据采集器；7-橡胶阻尼试样

力，待力消失以后，结构件 2 由于受到橡胶阻尼试样 7 的阻尼作用，开始产生自由衰减振动。自由衰减振动信号由传感器 3 拾取之后，经带通滤波器 4 滤波，形成单频信号进入放大器 5。最后由数据采集器 6 采集自由衰减振动的时域波形，再将此信号输入计算机，经分析计算得到 δ 或其他指标值。

为了减少测试误差，在测试过程中，一般采用悬吊方式或其他柔性安装方式安装测试对象，以减少能量传输损失。若用电磁激振器激振，要注意防止其断电后因被动运动产生的附加阻尼。这种附加阻尼是由试样带动激振器的动圈在磁场中运动，因磁电效应而产生的。因此，最好采用非接触式的电磁激振器激振，或采用机械断开的方式脱开激振器和试样的连接部分。

自由振动衰减法的实施条件是被测材料试样的阻尼要小于临界阻尼值，即处于欠阻尼条件下。此时，系统由振动到趋于静止需要较长的衰减时间，这样可以准确地测定其阻尼特征值。严格地讲，所测得的阻尼特征值是材料在系统自由振动频率下的阻尼值。自由振动衰减法简便易行，且具有较高的测试精度。

3.2　强迫共振法

在实际工程应用中，强迫共振法得到了广泛的应用，而强迫共振法又可分为纵向振动共振法、扭转振动共振法和弯曲振动共振法等[5]。以往的研究在纵向振动共振法测试理论和方法方面均取得了很大的进展。Norris 等[6]通过测试一端受简谐激励，另一端加质量负载的棒状试样的两端的加速度，得到了材料的力学参数。Madigosky 等[7]采用宽频信号作为激励源，在另一端自由的前提下，对黏弹性材料的杨氏模量和损耗因子进行了测试。Guillot 等[8]利用激光测振仪，采用扫频信号作为激励源，测试了棒状材料在一端受简谐激励，而另一端自由时的力学参数，通过和波速法进行对比，验证了其方法的正确性。而在其最新的研究论文中，Guillot 等[9]对以往的测试系统进行了改进，在不同温度和压力条件下，进行了低频宽带测试技术的探讨，由测试结果来看，在 50～5000Hz 的测试范围内取得了令人满意的测试结果。

如今应用的吸声材料多为黏弹性材料，材料特性参数随温度、压力、频率等的变化十分明显。在几百赫兹到几十千赫兹的水声频段内，精确测定材料参数不是一件容易的事。因此，提高黏弹性材料动力学参数的测试精度、拓宽测试频率范围成为当前实验技术中急需解决的问题。本节主要介绍采用动态黏弹谱测试仪测试吸声材料的复杨氏模量和剪切模量的方法。

3.2.1　测试原理

材料的动力学参数：

$$E = \frac{\sigma}{\varepsilon} = E' + E''\mathrm{j} = |E^*|(\cos\delta + \mathrm{j}\sin\delta) \qquad (3\text{-}19)$$

式中，σ 为应力；ε 为应变；$\varepsilon = \eta\,\mathrm{d}\sigma / \mathrm{d}t$；$E'$、$E''$、$|E^*|$ 分别为储能模量、损耗模量和绝对模量。

根据材料的形变模式的不同，弹性模量 E 分为拉伸模量、压缩模量、弯曲模量、剪切模量和体积模量。

动态黏弹谱测试仪利用强迫共振法测试材料的复杨氏模量和复剪切模量，测试装置示意图如图 3-5 所示，图 3-6 为样品加载方式示意图，其中图 3-6（a）为测试复杨氏模量时的样品加载方式示意图，图 3-6（b）为测试复剪切模量时的样品加载方式示意图。

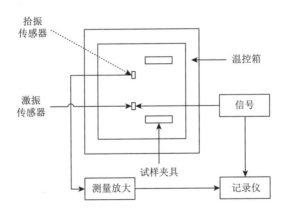

图 3-5　动态黏弹谱测试仪测试装置示意图

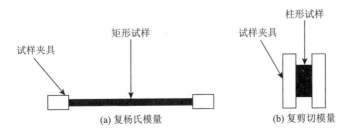

图 3-6　样品加载方式示意图

采用动态黏弹谱测试仪直接测试的是较低频段内材料样品的复模量，然后利用高聚物黏弹性行为的时温等效关系，得到测试频段内的材料复模量。

高聚物在不同的作用时间（或频率）下，或在不同温度下，都可以显示出同样的力学状态，即时间和温度对高聚物的力学松弛过程，从而对黏弹性的影响产生某种等效的作用。从微观上说，要使高聚物中某个运动单元产生足够大的活动性而表现出力学松弛现象，是需要一定的时间的，温度升高，松弛时间缩短。因此，同一个力学松弛现象既可以在较高温度和较短的作用时间下表现出来，也可以在较低温度和较长的作用时间下表现出来。

在交变应力作用下，作用力时间相当于作用频率的倒数，那么降低频率相当于增加了作用力时间，也能使本来跟不上响应的力学松弛现象表现出来。可见，延长时间（或降低频率）与升高温度对分子运动的作用是等效的，因而对高聚物的黏弹性行为也是等效的，这就是著名的时温等效原理。

最简单的时温等效关系：只要改变时间坐标，就可以将一个温度下的黏弹性行为和另一个温度下的黏弹性行为联系起来，即不同温度下的应力松弛模量曲线可以沿着时间轴平移而叠合在一起（时间轴取对数坐标）。平移的具体方法如下。

设在参考温度 T_0 下，材料的松弛模量为 $Y(T_0, t_0)$；在实验测试温度 T 下，相应的松弛模量为 $Y(T,t)$。由于温度的改变，$Y(t)$ 曲线沿时间轴平移而不改变曲线的形状，两个温度下的松弛模量满足以下关系：$Y(T,t) = Y(T_0, t/\alpha_T)$，$\log \alpha_T$ 为曲线在对数时间坐标上的水平平移量，$\log \alpha_T(T_0) = 0$；α_T 称为温度平移因子，它仅为温度的函数。

由于高温短时和低温长时的作用可以产生同样的力学效果，当实验测试时的温度 T 低于参考温度 T_0 时，将实验测试曲线 $Y(T,t)$ 左移即可得到参考温度下的曲线 $Y(T_0, t_0)$；反之，若实验时的温度高于参考温度，则将实验曲线右移，即当 $T < T_0$ 时，$\alpha_T > 1$；当 $T > T_0$ 时，$\alpha_T < 1$。

在玻璃化转变温度 T_g 附近，几乎全部非晶态高聚物的移动因子与 $T - T_0$ 之间的关系都可以用同一个方程表示，即 WLF（Williams-Landel-Ferry）方程[10, 11]：

$$\log \alpha_T = -\frac{C_1(T - T_0)}{C_2 + T - T_0} \tag{3-20}$$

式中，T_0 常取为 T_g，方程适用条件为 $T_g < T < T_g + 100℃$。

WLF 方程中，C_1、C_2 为经验常数，不同高聚物之间，以 T_g 为参考温度的 C_1、C_2 值有一定差别。但如果取这样一组 C_1、C_2 值，即 $C_1 = 8.86$，$C_2 = 101.6$，则对于所有的高聚物，都可以找到某一个参考温度 $T_0 = T_S$，这时的 WLF 方程为

$$\log \alpha_T = -8.86 \frac{T - T_S}{101.6 + (T - T_S)} \tag{3-21}$$

式（3-21）中，T_S 为一个可调节的参量，通常 T_S 在 T_g 以上约 50℃，对于非晶态高聚物，在 $T = T_S \pm 50℃$ 的温度范围内，式（3-21）都是适用的。

除了要对水平平移进行时间修正外，有时还需考虑温度对密度的影响。由于温度改变不仅引起模量本身的变化，同时还会导致高聚物密度发生变化，而模量又随单位体积所含物质的多少而改变。考虑这些因素，可以给出如下公式：

$$\frac{Y(T, t)}{T \rho(T)} = \frac{Y(T_0, t / \alpha_T)}{T_0 \rho(T_0)} \tag{3-22}$$

因此，利用不同温度 T 下的实验测试结果，可以得到参考温度 T_0 下任意时刻的模量：

$$Y(T_0, t / \alpha_T) = \frac{T_0 \rho(T_0)}{T \rho(T)} Y(T, t) \tag{3-23}$$

因此，如果考虑密度的影响，从实际温度 T 变到参考温度 T_0 时，还应有一个小的垂直修正因子 $\frac{T_0 \rho(T_0)}{T \rho(T)}$（其中 T、T_0 为绝对温度）。如果模量也取对数坐标，则曲线在垂直方向平移 $\log \frac{T_0 \rho(T_0)}{T \rho(T)}$。首先将测得的模量-时间（或频率）曲线进行垂直修正，再进行水平移动，许多条这样的曲线叠合起来，就可以得到材料在较宽频率范围内的动力学参数。

实际上，与黏弹性行为在转变区的巨大变化相比，垂直校正因子的影响是很小的，因此一般只要对曲线进行水平移动就可以。

3.2.2　测试实例

采用强迫共振法进行材料的复杨氏模量测试时，一般采用动态黏弹谱测试仪，以下给出一个测试实例。采用 DMAT242C 型动态黏弹谱测试仪，整机由主机、3 个控制器、恒温水箱、液氮罐、计算机等部分组成，其主要性能指标如下：温度范围为 -170～600℃；样品尺寸最大为 60mm×12mm×6mm；温度梯度为 <±1℃；模量范围为 $10^{-3} \sim 10^{6}$MPa；应力大小为最大 16N，静态 8N，动态 ±8N；主机外形尺寸为 37cm×36cm×57cm；每个控制器的尺寸为 50cm×47cm×50cm；

恒温水箱尺寸为 42cm×23cm×60cm；液氮罐直径为 39cm，高度为 82.5cm；主机重量为 57kg；电源为 220V/50Hz，16A。

强迫共振法测试流程见图 3-7。

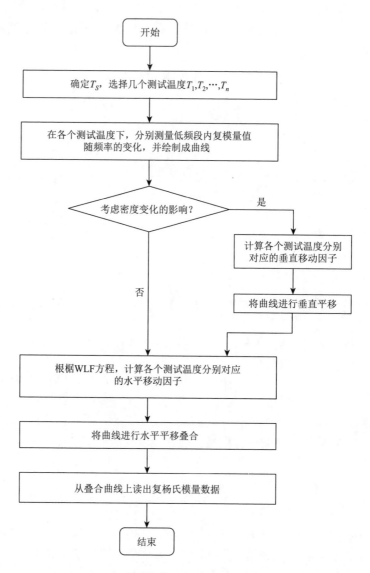

图 3-7 强迫共振法测试流程图

测试主要包括测试温度的确定、复杨氏模量数据的实验测试及测试数据的后处理几部分，分述如下。

（1）确定测试温度。

首先明确通过模量测试和数据处理希望得到在什么温度下、哪一频段内的模量值，这一温度即参考温度 T_0。然后根据仪器的性能指标，确定几个不同的测试温度 $T_1, T_2, \cdots, T_n$。

（2）数据测试。

在每个测试温度下，分别测试复杨氏模量和复剪切模量，并描绘模量值随频率变化的曲线。

（3）计算水平移动因子。

根据 WLF 方程分别计算出各测试温度相对于参考温度的水平移动因子 $\log \alpha_T$，若考虑密度变化对模量的影响，还要计算垂直方向的密度修正因子。

（4）曲线平移。

对各测试温度下测试的模量随频率的变化曲线分别进行水平平移，将平移后的各条曲线叠合在一起。若考虑密度变化对模量的影响，还要对曲线进行垂直校正，得到在较宽频率范围内的材料模量。

根据上述测试流程，利用动态黏弹谱测试仪对某吸声材料样品的复杨氏模量进行了测试，测得材料的储能模量和损耗模量随频率的变化曲线，见图 3-8。按照 3.2.1 节介绍的方法，对测试曲线进行水平平移，得到不同温度下的复杨氏模量，见图 3-9，从图中即可读出不同频率下的复杨氏模量值，这些数据是进行结构设计分析的基础。

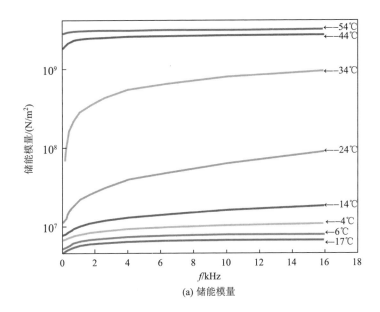

(a) 储能模量

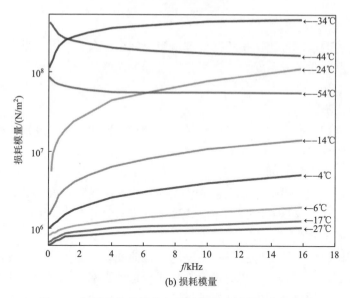

(b) 损耗模量

图 3-8　材料的储能模量和损耗模量随频率的变化曲线

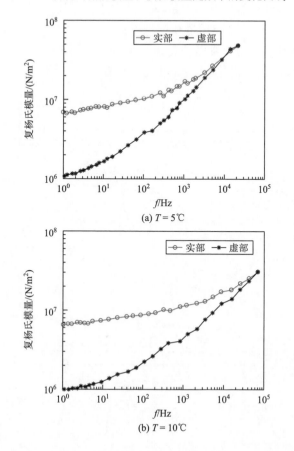

(a) $T = 5℃$

(b) $T = 10℃$

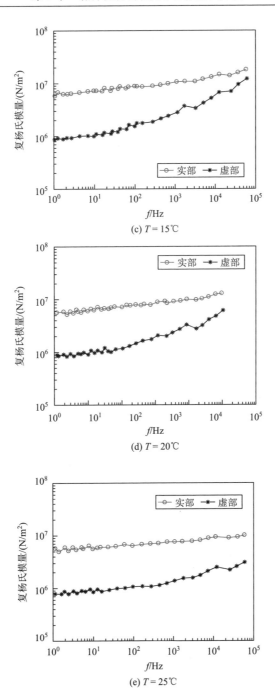

(c) $T = 15℃$

(d) $T = 20℃$

(e) $T = 25℃$

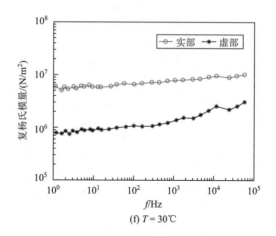

(f) $T = 30℃$

图 3-9　不同温度下的复杨氏模量测试结果

3.3　强迫非共振法

　　动态力学热分析（dynamic mechanical thermal analysis，DMTA）方法指通过测试某种特定形状试样随温度、频率或时间变化的应力、应变、刚度和阻尼等参数曲线，间接获取复杨氏模量、复剪切模量等动力学参数。采用动态力学热分析或动态力学分析（dynamic mechanical analysis，DMA）方式直接测试的频率较低，一般在 1kHz 以下，更高的频率可以通过时温等效原理间接获得。

　　动态热机械分析（dynamic thermomechanical analysis，DMA）指使样品处于程序控制的温度下，对样品施加单频或多频的振荡力，测试相应的振荡形变及其响应滞后，获取其储能模量、损耗模量和损耗因子随温度、时间或频率的变化关系，该技术被广泛应用于橡胶、弹性体、塑料、薄膜、树脂、纤维、涂料、金属与合金、陶瓷、复合材料等领域。利用动态热机械分析仪，可以考察材料的刚性（弹性模量）、阻尼特性（损耗模量）、损耗特性（损耗因子）及其随温度的变化情况，研究材料的黏弹性能、应力与应变关系，测量玻璃化转变温度、相转变温度、软化温度，跟踪固化过程，以及进行蠕变、松弛、热膨胀等特殊测试。

　　目前，市场上通用的 DMA242E 仪器采用强迫非共振法直接测试动力学参数，即强迫试样以设定频率振动，测定试样在振动中的应力与应变幅值及应力与应变的相位差，按定义直接计算储能模量、损耗模量和损耗因子。DMA242E 主机图如图 3-10 所示。

　　这种动态分析仪除了具有各种测量模式的常规分析功能之外，还支持温度/频率/模量的 3D 图谱，支持转变活化能计算、主曲线（频率外推）、Cole-Cole 图等。动态热机械分析的特点：①只需要很小的样品即可在很宽的温度或者频率范围测定材料的动态力学性能；②是研究高分子结构变化-运动-性能三者间关系的简便有效的方法；③非常适合在动态载荷下工作的产品结构、配方设计。

图 3-10　DMA242E 主机及控制器

　　动态热机械分析仪首先通过传感器对试样施加激励力，并采集和测试样品产生变形后的位移和力响应，其测试原理如图 3-11 所示。

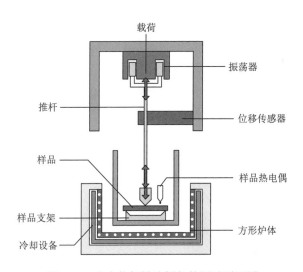

图 3-11　动态热机械分析仪的测试原理图

　　其标准测试方式为，在程序温度（线性升温、降温、恒温及其组合等）过程中，给试样施加一定频率、一定振幅的正弦波形式的动态振荡力，于是样品产生一定频率、一定幅度和伴随着一定滞后（相对于力的波形的相位差）的动态振荡应变，如图 3-12 所示。

　　具体滞后程度与材料的黏弹性有关，使用相应的传感器记录力的振幅、形变振幅及两者之间的滞后角，在整个测试过程（时间/温度变化）中连续输出这些数值（可采用单一频率测试，也可多频轮转测试并将对应频率的数据点进行连接拟合），以压缩模式为例，如图 3-13 所示，动力学参数之间的关系如图 3-14 所示。

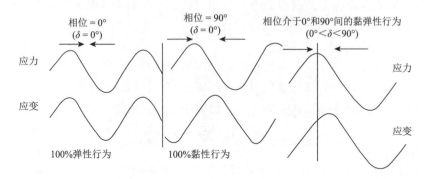

图 3-12　应力、应变与相位的关系

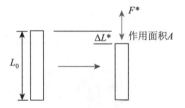

图 3-13　压缩模式测试示意图

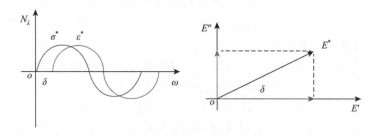

图 3-14　动力学参数之间的关系

在如图 3-13 所示的压缩模式下：应力 $\sigma^* = F^* / A$；应变 $\varepsilon^* = \Delta L^* / L_0$；试样应变 $\varepsilon(t) = \varepsilon_0 \sin(\omega t)$；试样应力 $\sigma(t) = \sigma_0 \sin(\omega t + \delta)$；试样刚度 $K = F_i / D_i = K' + K''i$；试样损耗角正切 $\tan \delta = K'' / K'$ [12]。

试样的刚度与动力学直接测试参数频率有很大关系，刚度越大，其直接测试频率越高。对于理想的弹性材料，激励和响应同相，$\delta = 0^\circ$；对于理想黏性材料，则会产生响应滞后，$\delta = 90^\circ$；黏弹性材料（实际聚合物材料）的响应滞后为

$0° < δ < 90°$。同理，若对黏弹性材料施加一个正弦交变应变，则该试样产生的应力响应就会超前于应变一个相位 $δ$。

材料的模量定义为应力与应变之比，由于黏弹性材料的应力与应变存在一个相位差，所得的模量应为复数。如图 3-15 所示为某橡胶样品的动力学参数之间的关系，包含储能模量、损耗模量和损耗因子曲线的动态热机械分析图谱。

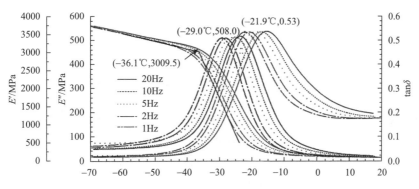

图 3-15　橡胶样品动力学参数之间的关系（彩图附书后）

图 3-15 中绿色曲线是储能模量 E'，代表了材料的刚性部分；蓝色曲线是损耗模量 E''，代表了材料的阻尼部分；红色曲线是损耗因子 $tanδ$，为损耗模量与储能模量的比值，代表了材料的损耗特性。在 $-40 \sim 0℃$，E' 出现台阶式下降，E'' 与 $tanδ$ 出峰，这是由于材料在该温度区间内产生玻璃化转变。每一类曲线均包含不同线型的多条线，此为多频扫描在不同频率下的结果，可以通过分析软件对各自曲线进行分析。基于多频扫描结果，还可进行频率外推和计算转变活化能等。

3.4　声传播测试方法

通常测定黏弹性材料参数的方法可分为力学测试法和声学测试法两大类。与力学测试法相比，声学测试法的优点是直接测得材料的声学性能参数，这样可在频段范围上与机理研究同步。声学测试法指通过在自由场或者声管里测试材料样品的声反射系数或者声透射系数，再计算材料参数。已有方法主要为在水池中由待测材料的平板试样测试斜向入射声波的回声降低或插入损失来反演材料参数[13,14]，但低频测试时，由于样品边缘的衍射干扰，误差较大。此外，也可采用球形的待测材料试样，使实际测试的散射系数与理论计算的散射系数之差达到最小，来计算材料体积模量[15]。

3.4.1　声管测试方法

声管测试研究已经有几十年的历史和发展,根据声波信号测试和分离的方法,声管测试法可分为驻波管法、脉冲管法和行波管法[16]。这种测试方法只能测试法向吸声特性,并且对于一些非均匀且具有一定内部结构的材料来说,由于声管测试的尺寸限定,测试结果并不能完全反映结构的声学特性。

1. 材料的体积纵波模量

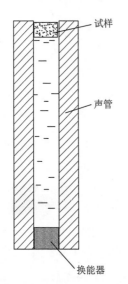

图 3-16　反射法测试力学参数的原理示意图

由声学参数和材料力学参数之间的关系,可以通过测试材料的声速和衰减系数来确定其力学参数,而材料的声速和衰减系数可以通过测试声管中材料的声反射系数来得到。声反射系数的测试技术已经很成熟,对于均匀实验试样,声波是法向入射的,在材料中只存在纵向传播的波,只要得到材料的纵波声速和衰减系数,就能得出材料的体积和纵波模量 S,而纵波声速和衰减系数可通过复声反射系数与输入阻抗之间的关系得到。在《声学　水声材料纵波声速和衰减系数的测量　脉冲管法》(GB/T 5266—2006)中,详细介绍了脉冲管法的测量原理,本节介绍基于该标准的宽频测试方法,其原理示意图如图 3-16。

通过声管测试出材料试样的复声反射系数 R,如图 3-16 所示,将待测试样和标准反射体交替置于脉冲管的一端,并且试样的后界面阻抗已知,采用脉冲法通过测量由换能器接收到的试样反射波和标准反射体反射波相对应的电压幅值和相位,求得试样前界面复声反射系数的模 R 和相位 φ,进而得到材料的输入面阻抗,然后计算出被测试样的纵波声速和衰减系数(具体方法将在第 4 章中进行详细叙述),最终确定材料的体积纵波模量 S:

$$S = S'(1 + \mathrm{j}\eta_S) \tag{3-24}$$

$$\eta_S = \frac{2\alpha_1\omega^2 c_1}{\omega^2 - \alpha_1^2 c_1^2}, \quad S' = \frac{\omega^2 c_1^2 - \alpha_1^2 c_1^4}{\omega^2(1 + \alpha_1^2 c_1^2)^2} \tag{3-25}$$

2. 材料的复剪切模量和复杨氏模量

利用测试材料声学性能的专用声管测试出材料样品的复声反射系数后,进而得到材料样品的输入声阻抗,然后计算出被测样品的纵波声速、衰减系数及黏弹性材料产生剪切形变时的剪切模量和剪切损耗因子，最终可以确定材料的复杨氏模量和复剪切模量：

$$E = E' + jE'' = E'(1 + j\eta_E) \tag{3-26}$$

$$G = G' + jG'' = G'(1 + j\eta_G) \tag{3-27}$$

在测试剪切模量中，被测的材料样品贴在钢柱的表面，如图 3-17 所示，当柱中激发起纵向振动时，将在环形材料中产生剪切振动。样品厚度为柱径 a、G' 和 η_G 分别为黏弹性材料产生剪切变形时的剪切模量和剪切损耗因子。

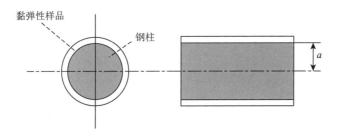

图 3-17　被测材料样品示意图

根据材料样品的纵波声速与杨氏模量 E、泊松比 γ，以及材料的剪切模量与杨氏模量、泊松比之间的关系：

$$c_1 = \sqrt{\frac{E(1-\gamma)}{\rho(1+\gamma)(1-2\gamma)}} \tag{3-28}$$

$$\alpha_1 = \frac{E}{2(1+\gamma)} \tag{3-29}$$

可得杨氏模量：

$$E = \frac{3\rho c_1^2 - 4G}{\rho c_1^2 - G} \cdot G \tag{3-30}$$

材料剪切模量声管测试系统简单，其缺点是计算误差大，样品制作难度大。

3.4.2　自由场测试方法

在自由场中或者消声水池中，对一些典型的平板样品进行测试时，采用截断参量源作为声源，测试样品声透射系数的频谱和角谱，并采用曲线拟合方法来估计材料在测试频段的横波声速和衰减系数[17]。材料的剪切模量 G 与材料的横波声速和衰减系数存在如下关系：

$$\eta_G = \frac{2\alpha_t \omega^2 c_t}{\omega^2 - \alpha_t^2 c_t^2} \tag{3-31}$$

$$G' = \frac{\omega^2 c_t^2 - \alpha_t^2 c_t^4}{\omega^2 (1 + \alpha_t^2 c_t^2)^2} \qquad (3\text{-}32)$$

参量源法测试系统可以对水声材料在 10～100kHz 频段内的剪切模量进行测试，但是自由场测试方法也有一定的局限性，不能随温度变化和水压变化展现样品性能，而且必须考虑水池壁的反射、样品边缘的衍射和换能器的近场效应，并且样品要做得足够大。

此外，还可以考虑采用材料散射声场反演材料的力学参数，这是近年来发展的一种新方法。根据水下材料的散射声场声压模函数的勒让德展开式，运用遗传算法反演材料的基本声学参数，如泊松比、纵波速度及纵波衰减系数、横波速度及横波衰减系数等。一直以来，声压的测试技术较为成熟，相对来说，在较宽的频率范围内的相位实测技术难度较大，相位变化对材料特性很敏感，相位测试结果很大程度上影响了测试的精确性。采用材料散射声场反演的方法可以避免声压相位测量，只需得到散射声场的声压幅值，进一步减少了实验误差。这种方法解决了中高频率（14～38kHz）黏弹性材料声学参数的测试问题，但此方法存在的问题是目标散射声场测点较多，对于同一目标的散射声场，应该多次测试反演材料的参数，因而测试效率不高，而且现在对材料横波衰减系数的测试精度还不够高。

3.4.3　声速测试法

声速测试法也是一种比较成熟的测试方法，根据弹性波在固体中的传播理论，通过测量弹性波在试样中的传播速度来获取材料动态弹性模量，常用的方法有脉冲回波法、干涉法、相位比较法[18, 19]。以上几种方法主要针对低频段 1～5kHz，或者更低的频率，其优越性在于操作简单，消耗的材料较少，节约资源。通过这种方法可以首先得到纵波的传播速度，然后得到杨氏模量。

声速测试法的基本原理在于利用波在传播过程中的形变来推导出波的机械特征。传播的正弦波可用傅里叶积分来表示，同时涉及两个参数——波的传播速度和材料衰减系数，通过这两个参数，即可得到材料的其他参数，如复杨氏模量等。

采用这种方法测试时，可以通过消音铁锤撞击杆的一端来产生一个脉冲波。在脉冲波传播过程中记下两个截面上波形的变化情况，通过比较这两个截面上的波形信息可以推导出传播速度和衰减系数，进而计算得到材料的参数 E。实验装置中所用的试样是直径约为 10mm、长度为 1m 的实圆形截面杆件，实验测试的有效范围是 0～7kHz。需要注意的是，实验中所用杆的直径必远远小于应力波的波长，以便保证一维传播波的有效性。对于高阻尼材料来说，必须取更长的试样来避免应力波的重叠。这种测试方法相对于其他方法来说成本较低，测试过程简单、快速，数据接收和处理过程便捷。

3.4.4　声管与动力学热分析结合方法

目前，还发展出了一种新的方法，即利用声管和动力学热分析法相结合的方法来测试水声材料的动力学参数特性。利用声管测试得出材料的吸声系数，将采用动力学热分析法测得的剪切模量值作为已知数据，并把该材料的泊松比和材料密度系数及声管中圆柱状样品的厚度作为输入参数，代入相关公式得出该材料的复纵波波速和复横波波速，再根据分层介质理论，得到材料试样的吸声系数。其中，材料试样吸声系数可以采取两种方式测试：空气背衬方式和钢背衬方式。

也可以采用如下的间接测试方法：首先根据声管中吸声系数（空气背衬方式）的测试结果，反演得出泊松比；然后在泊松比的基础上，联合其他参数用于钢背衬方式下声管分层介质模型的仿真计算中，来计算其他的材料动态参数。采用动力学方法可以获得在很宽频段内材料的声学特性，与声管（工作频率 200Hz～30kHz）或者水池（工作频率 1kHz 以上）的测试频段相比，前者的宽频段优势和低频优势非常明显。这种方法在实践中实现起来很方便，而且低频优势非常明显，可以达到一定的测试精度。

参 考 文 献

[1] 李宏伟，王兵，张用兵. 基于共振法和波速法的粘弹性材料动态力学参数测试方法[C]//第七届中国功能材料及其应用学术会议，大连，2010.

[2] 林鹤. 机械振动理论及应用[M]. 北京：冶金工业出版社，1990.

[3] 刘爱民，傅惠南，刘文振，等. 不同结构特征悬臂梁的振动实验研究[J]. 机械工程与自动化，2017（6）：148-149，154.

[4] 戴德沛. 阻尼减振降噪技术[M]. 西安：西安交通大学出版社，1988.

[5] 刘强，黄新友. 材料物理性能[M]. 北京：化学工业出版社，2009.

[6] Norris D M，Young W-C. Complex-modulus measurement by longitudinal vibration testing[J]. Experimental Mechanics，1970，10（2）：93-96.

[7] Madigosky W M，Gilbert F L. Improved resonance technique for materials characterization[J]. The Journal of the Acoustical Society of America，1983，73（4）：1374-1377.

[8] Guillot F M，Trivett D H. A dynamic Young's modulus measurement system for highly compliant polymers[J]. The Journal of the Acoustical Society of America，2003，114（3）：1334-1345.

[9] Guillot F M，Trivett D H. Complete elastic characterization of viscoelastic materials by dynamic measurements of the complex bulk and Young's moduli as a function of temperature and hydrostatic pressure[J]. Journal of Sound and Vibration，2011，330（14）：3334-3351.

[10] 杨挺青. 粘弹性力学[M]. 武汉：华中理工大学出版社，1990.

[11] 周光泉，刘孝敏. 粘弹性理论[M]. 合肥：中国科学技术大学出版社，1996.

[12] 白国锋，刘碧龙，刘克. 粘弹性材料力学参数和吸声性能实验研究[C]//第十二届船舶水下噪声学术讨论会，鹰潭，2011.

[13] Piquette J C. Shear material property determination from underwater acoustic panel tests[J]. The Journal of the Acoustical Society of America，2004，115（5）：2110-2121.

[14] Gartland G J，Radcliffeb C J，Andrew J. Measurement of dilatational wave speed using an echo reduction test[J]. Journal of Sound and Vibration，2009，320（3）：491-495.

[15] 宋扬，杨士莪，黄益旺. 中高频段下的粘弹性材料声学参数测量[J]. 材料科学与工艺，2007（1）：44-46，51.

[16] 陈建平，何元安，黄爱根. 水声材料声学参数及其声管测量方法[J]. 声学技术，2015，34（2）：109-114.

[17] 李水，唐海清. 水声材料横波声速和衰减系数参量源法测量系统[J]. 声学学报，2005（4）：33-39.

[18] 李蓉蓉，朱兆青. 对两种声速测定方法的剖析[J]. 物理实验，2002（11）：42-43，45.

[19] 章德，吴文虬，水永安，等. 相位干涉法测量表面声波速度的相对变化[J]. 声学学报，1981（4）：242-248.

第4章 水下声学材料小样声管测试方法

4.1 脉 冲 管 法

测定水下声学材料纵波声学参数的方法有很多，但是国内外最通用的方法是脉冲管法[1,2]。水下声学材料测试多采用脉冲管法，主要模拟舰船主动声呐的工作状态，测试声管内有无样品时反射脉冲的幅度比，确定材料对入射声脉冲的吸收能力。脉冲管是一种可以在其中发射、传播和接收脉冲声波的充水刚性厚壁（壁厚不小于管的内半径）金属圆管，用于测试水声材料或构件样品的声学性能参数。一般是在刚性厚壁声管内，在稳态平面波条件下采用脉冲声技术测试水声材料试样的复声反射系数，然后计算试样材料纵波声速 c 和衰减系数 α。

另外，在测试插入损失 I_1 和回声降低 E_r 方面，在开阔水域中测试时，样品尺寸大、成本高且难控制静水压；而采用脉冲管法测试时，样品小、测试方便，不会有边缘绕射的干扰，测试精度较高。

4.1.1 复声反射系数的测试方法

脉冲管[3]工作原理图如图 4-1 所示，主体是一根充水钢管，通常脉冲管都是垂直放置，下端封闭，装有换能器；上端开口，用来安放圆柱形的待测样品，只有需要对管中施加静压力时，脉冲管的上端才封闭起来。

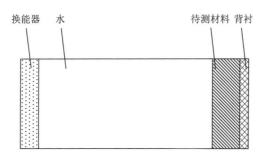

图 4-1 脉冲管工作原理图

1. 测试原理

1）复声反射系数测试原理

脉冲管中的换能器通常是收发两用型的，待测试样和标准反射体交替置于脉冲管的一端，试样后界面阻抗已知，用脉冲管法测试换能器接收到的试样反射波和标准反射体反射波相对应的电压幅值和相位，比较可得试样前界面复声反射系数的模值 R 和相位 φ。

复声反射系数的测试步骤如下[3]，首先，测试样品反射的脉冲声压：

$$p_s = R p_0 e^{-j2k_w l} \quad \text{（忽略水中衰减）} \tag{4-1}$$

式中，p_0 为发射换能器表面声压幅值；k_w 为管中水的波数；l 为发射表面到样品表面的距离；$R = Re^{j\varphi}$，为样品的复声反射系数。

然后，移去样品，测试标准反射器反射的声压：

$$p_m = R_0 p_0' e^{-j2k_w' l'} \tag{4-2}$$

式中，p_0' 为移去样品后，换能器表面的声压幅值；l' 为换能器表面与标准反射器表面间的距离；$R_0 = R_0 e^{j\varphi_0}$，为标准反射器的复声反射系数。

当脉冲宽度适当 $(\tau \leqslant 2l / c_w)$ 时，管终端阻抗不影响换能器发射，因此只要保持 $p_0 = p_0'$，$k_w = k_w'$，$l = l'$，即可得复声反射系数 R。

若以低阻抗空气界面作为标准反射器，则可得

$$p_s / p_m = R / R_0 = Re^{j(\varphi-\pi)} \quad (R_0 = 1, \quad \varphi_0 = \pi) \tag{4-3}$$

因此，样品表面反射幅值与空气界面反射幅值之比的绝对值等于样品声反射系数幅值，而两次回波的相位差等于声反射系数相位，即

$$|p_s / p_m| = R \tag{4-4}$$

$$\varphi = \varphi_s - \varphi_m + \pi \tag{4-5}$$

式中，$|p_s|$ 为样品反射的相对幅值；$|p_m|$ 为移去样品后空气界面反射的相对幅值；φ_s 为样品反射的相对相位；φ_m 为移去样品后空气界面反射的相对相位。

若以高阻抗金属界面作为标准反射器，则可得

$$p_s / p_m = R / R_0 = Re^{j\varphi} \quad (R_0 = 1, \varphi_0 = 0) \tag{4-6}$$

因此可得

$$|p_s| / |p_m| = R \tag{4-7}$$

$$\varphi = \varphi_s - \varphi_m + 2k_w d \tag{4-8}$$

式中，$2k_w d$ 是由于 p_s 和 p_m 的界面位置不同而引入的校正因子。

2）试样输入阻抗及其与复声反射系数的关系

脉冲管内传播平面波时，根据声传输理论，可分别在两种不同背衬情况下求出试样的输入阻抗。

（1）当试样末端为空气背衬（即声学软末端）时，输入声阻抗为

$$Z_{\text{in}} = \frac{j\omega\rho}{\alpha + \dfrac{j\omega}{c}}\tanh\left(\alpha d + \frac{j\omega d}{c}\right) \tag{4-9}$$

（2）当试样末端为刚性背衬（即声学硬末端）时，输入声阻抗为

$$Z_{\text{in}} = \frac{j\omega\rho}{\alpha + \dfrac{j\omega}{c}}\coth\left(\alpha d + \frac{j\omega d}{c}\right) \tag{4-10}$$

试样的输入声阻抗也可由式（4-11）求出：

$$Z_{\text{in}} = \rho_{\text{w}}c_{\text{w}}\frac{1 + Re^{j\varphi}}{1 - Re^{j\varphi}} \tag{4-11}$$

式中，Z_{in} 为试样的输入声阻抗（Pa·s/m）；α 为试样的衰减系数（Np/m）；d 为试样厚度（m）。

3）纵波声速和衰减系数的计算

由式（4-9）～式（4-11）可以得到两种末端边界条件下试样纵波声速与复声反射系数的模和相位间的关系式。

（1）对于声学软末端[4]：

$$j\frac{\tanh\left(\alpha d + \dfrac{j\omega d}{c}\right)}{\left(\alpha d + \dfrac{j\omega d}{c}\right)} = \frac{\rho_{\text{w}}c_{\text{w}}}{\omega\rho d}\cdot\frac{1 + Re^{j\varphi}}{1 - Re^{j\varphi}} \tag{4-12}$$

（2）对于声学硬末端：

$$j\frac{\coth\left(\alpha d + \dfrac{j\omega d}{c}\right)}{\left(\alpha d + \dfrac{j\omega d}{c}\right)} = \frac{\rho_{\text{w}}c_{\text{w}}}{\omega\rho d}\cdot\frac{1 + Re^{j\varphi}}{1 - Re^{j\varphi}} \tag{4-13}$$

式（4-12）和式（4-13）右边的所有参数均可测出，但以上两式为超越方程，不能用代数运算方法解出方程中的纵波声速 c 和衰减系数 α，必须用图解法或借助计算机采用近似法自动求出。

4）测试误差分析

由上面讨论可知，声反射系数幅值的测试误差取决于两次测试过程中发射信号的稳定度。一般说来，这个要求是比较容易达到的。

然而，引起声反射系数相位测试误差的因素较多。以空气末端测试为例，样品反射的相对相位 $\varphi_{\text{s}} = 2k_{\text{w}}l + \varphi$，空气界面的相对相位 $\varphi_{\text{m}} = 2k_{\text{w}}'l' + \pi$，所以 k_{w} 和

l 的改变都会引起 $\Delta\varphi = \varphi_s - \varphi_m$ 的改变。若用绝对误差表示，可写成如下关系式：

$$\Delta\varphi = \Delta(2kl) = 4\pi\Delta\left(\frac{fl}{c}\right) \tag{4-14}$$

式中，f 为工作频率；l 为水柱高度；c 为管内水中的声速。

因此，φ 的极限误差为

$$(\Delta\varphi)_{max} = \left|\frac{\partial\varphi}{\partial f}\Delta f\right| + \left|\frac{\partial\varphi}{\partial l}\Delta l\right| + \left|\frac{\partial\varphi}{\partial c}\Delta c\right| = \Delta\varphi_f + \Delta\varphi_l + \Delta\varphi_c \tag{4-15}$$

式中，$\Delta\varphi_f = \dfrac{4\pi l}{\lambda}\left|\left(\dfrac{\Delta f}{f}\right)_{max}\right|$；$\Delta\varphi_l = \dfrac{4\pi l}{\lambda}\left|\Delta l_{max}\right|$；$\Delta\varphi_c = \dfrac{4\pi l}{\lambda}\left|\left(\dfrac{\Delta c}{c}\right)_{max}\right|$。

由此可见，φ 的极限误差是由信号的频率稳定度 $\Delta f/f$、两次测量中水柱高度差 Δl 和管中声速的变化率 $\Delta c/c$ 所决定的，而声速的改变是由管中水的温度变化引起的。

下面给出典型示例：设脉冲管总长度 $l = 2m$，工作频率 $f = 10kHz$，信号频率稳定度 $\Delta f/f = 10^{-5}$，温度变化可控制在 $\Delta t = \pm 0.1℃(\Delta c/c = \pm 2\times 10^{-4})$，水柱高度测量误差可控制在 $\Delta l = \pm 0.2mm$ 以内，则可以求得 $\Delta\varphi_f \leqslant 0.1°$，$\Delta\varphi_l \leqslant 1°$，$\Delta\varphi_c \leqslant 2°$。由此例可知，由频率漂移引起的误差最小，由水柱高度和水温改变引起的误差较大。因此，脉冲管系统必须附加温度控制设施，并尽可能使用声学硬末端。

2. 典型测试装置

1）模拟测试装置

脉冲管法的模拟测试装置组成如图 4-2 所示[5]，此装置由声管、换能器和电子测试设备组成。位于声管一端的换能器向声管中发射脉冲调制的正弦波，经声管另一端的试样反射，再由同一换能器接收反射波，通过对带声学硬（或软）末端的试样反射波与刚性（或柔性）标准反射体的反射波声压幅值和相位进行比较，测试试样复声反射系数的模和相位。

一般要求脉冲管为一根管壁均匀、内壁光洁的充水金属管。为保证管壁有足够的刚性，管壁厚度 h 与管内半径 a 之比应大于等于 1。

脉冲管法使用的是平面活塞型收发两用换能器。在变温变压测试条件下，应有良好的温度稳定性及压力稳定性。另外，换能器的安装应避免与声管壳体的声耦合。

对于模拟测试装置仪器的要求如下。

（1）信号发生器的频率稳定度应优于 2×10^{-5}；

（2）移相器应可在 $0° \sim 360°$ 内对正弦信号均匀移相，最大允许误差为 $\pm 2°$；

（3）衰减器的量程应为 0～80dB，最小步进为 0.1dB；

（4）幅值指示器的分辨率应不大于 0.2dB，相位指示器的分辨率应不大于 2°；

（5）频率计的最大允许误差应不大于 $\pm 10^{-4}$；

（6）功率放大器在工作频带内和换能器应有较好的阻抗匹配，稳定性要求为 8h 内的信号波动不超过 $\pm 1\%$。

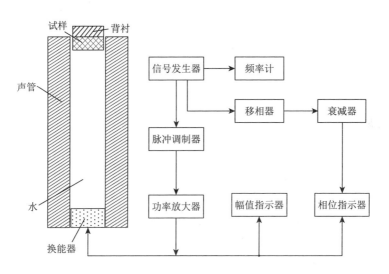

图 4-2　脉冲管法模拟测试装置组成

2）数字测试装置

脉冲管法的数字测试装置[5]组成如图 4-3 所示，其中脉冲管、换能器与模拟测试装置相同，电子测试设备由函数发生器、功率放大器、收发转换器、带通滤波器、信号采集器和计算机等组成。函数发生器直接产生脉冲正弦信号，带通滤波器可以滤掉低频噪声和频率高于测试频率两倍的信号，收发转换器能在脉冲信号发射时关闭接收通道，并在发射结束后打开接收通道。计算机中安装测试软件，通过总线控制数字仪器，完成信号采集与处理、测试结果保存和打印，系统测试信噪比应大于 20dB。

对数字测试装置仪器的要求如下。

（1）函数发生器的频率稳定度应优于 2×10^{-5}；

（2）信号采集器的采样率应至少大于脉冲管最高工作频率的 10 倍；

（3）带通滤波器应能滤掉低频噪声和频率高于测试频率两倍的信号；

（4）功率放大器应在工作频带内和换能器有较好的阻抗匹配，稳定性要求为 8h 内的信号波动不超过 $\pm 1\%$。

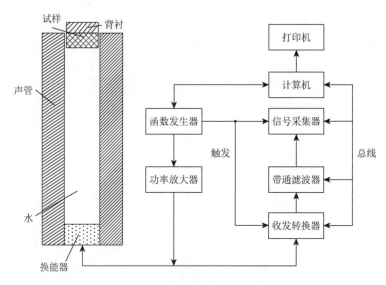

图 4-3　脉冲管法数字测试装置组成

3. 标准反射体及试样要求

1）标准反射体要求

标准反射体有柔性和刚性两种，柔性标准反射体可作为常压情况下的全反射参考，复声反射系数近似为-1，用于声学软末端条件下的测试，一般是管端的空气。常压情况下，一般优选柔性标准反射体。刚性标准反射体可作为常压或加压情况下的全反射参考，复声反射系数近似为 1，用于声学末端条件下的测试，刚性标准反射体的主要要求如下。

（1）标准反射体通常为不锈钢圆柱，它与脉冲管的间隙应不大于 0.2mm；

（2）标准反射体长度应为频率为 f_0 时声波的四分之一波长；

（3）标准反射体适用的频率范围为 $f_0 \pm (f_0 / 4)$。

2）试样要求

对试样的要求如下。

（1）试样应为圆柱形，圆柱高度不大于 0.1mm；试样与脉冲管的间隙应不大于 0.2mm；

（2）试样的厚度应为 $(0.3 \sim 0.6)\lambda$，平行度不大于 0.5mm；

（3）要求试样表面平整，平面度不大于 0.5mm。

4. 测试方法

1）脉冲管准备工作

脉冲管内应充满蒸馏水，首次注水或换水后应至少稳定 48h，使脉冲管壁和水介质之间充分浸润，达到温度平衡，测量开始前应清除脉冲管内存在的气泡。

脉冲管中水的密度 ρ_w 一般不作测量，在常压、水温为 $0℃ < t < 30℃$ 的条件下可直接取 $\rho_w = 1000 kg / m^3$。当 $h / a \geqslant 1$ 时，脉冲管中水的声速 $c_w = 0.98 c_{w0}$；蒸馏水中的声速 c_{w0} 与水温 $t(℃)$ 的关系由式（4-16）表示：

$$c_{w0} = 1557 - 0.0245(74 - t)^2 \qquad (4-16)$$

注：在常压下，水温 t 的范围为 $0℃ < t < 94℃$。

2）试样准备

表面应清洗擦拭干净，并放入水中至少浸泡 24h，使试样表面充分浸润；将试样放入脉冲管内时，应避免带入气泡，等待数分钟，使试样与水介质之间达到温度平衡后方可开始测量。

试样密度 ρ 的测量参照《化工产品密度、相对密度的测定》（GB/T 4472—2011）的规定；试样厚度 d 可用游标卡尺进行多点测量，然后取平均值。

3）复声反射系数测试步骤

首先是模拟装置的测试步骤。

（1）位于脉冲管一端的换能器向管中发射脉冲波[6-9]，声波经脉冲管另一端的试样或标准反射体反射，由同一换能器接收，要求系统的测试信噪比不小于20dB。

（2）在测试频率点上，用幅值指示器、相位指示器和移相器分别测出与带背衬试样的反射脉冲相对应的电信号幅值 A_1 和相位 φ_1，以及与标准反射体反射脉冲相对应的电信号幅值 A_0 和相位 φ_0。

（3）对于声学软末端，按式（4-17）～式（4-19）分别计算复声反射系数的模和相位；对于声学硬末端，按式（4-17）和式（4-20）分别计算复声反射系数的模和相位。

$$R = \frac{A_1}{A_0} \qquad (4-17)$$

对于声学软末端：

$$\varphi = \varphi_1 - \varphi_0 + 180 + \frac{4 \times 180 f \Delta l}{c_w} \qquad (4-18)$$

式中，

$$\Delta l = \left(1 - \frac{D^2}{D_0^2}\right) d \qquad (4-19)$$

对于声学硬末端：

$$\varphi = \varphi_1 - \varphi_0 + \frac{4 \times 180 fd}{c_{\mathrm{w}}} \tag{4-20}$$

然后是数字装置的测试步骤。

（1）同模拟装置测试第（1）步。

（2）在测试频率点上，利用信号采集器测试与带背衬试样的反射信号相对应的电信号，然后测试与标准反射体反射信号相对应的电信号，经处理后分别得到电信号幅值 A_1、A_0 和相位 φ_1、φ_0。

（3）同模拟装置测试第（3）步。

4）纵波声速计算方法

改变管中水柱的有效长度，当试样末端为空气背衬（即声学软末端）时，测试水的自由表面反射相位的变化：

$$\Delta\varphi = \frac{4 \times 180 f \Delta l}{c_{\mathrm{w}}} \tag{4-21}$$

由此可得脉冲管中水的声速计算公式：

$$c_{\mathrm{w}} = \frac{4 \times 180 f \Delta l}{\Delta\varphi} \tag{4-22}$$

为了提高测试准确度，应尽量选取使 $\Delta\varphi = 180n$ 的值 Δl_n，可得

$$c_{\mathrm{w}} = \frac{4 f \Delta l_n}{\Delta\varphi} \tag{4-23}$$

式中，n 为整数；Δl_n 为当反射波相位的变化量为 $n\pi$ 时，换能器表面到管口水面间的距离变化量。

c_{w} 的测试误差主要由 Δl_n 的测量误差决定，n 越大，c_{w} 的测试准确度越高。若测试频率 $f = 10\mathrm{kHz}$ 并且 $n = 1$ 时，Δl_n 的相对测量误差为 $\pm1\%$，c_{w} 的相对测试误差为 $\pm2\%$。

当试样末端为刚性背衬（即声学硬末端）时，则由式（4-21）进行推导。

4.1.2　插入损失及回声降低的测试方法

既可在开阔水域（自由场）中测试声学材料的插入损失和回声降低，也可利用声管进行测试。脉冲管法测试的优点在于样品尺寸小、成本低，能测试静水压对插入损失和回声降低的影响，并且不会有边缘绕射的干扰。

利用脉冲管法测试小样品的插入损失和回声降低,其原理图如图4-4所示[10-12]。

通常只用一个换能器，样品的直径稍小于脉冲管内径，并将样品置于管中某一位置。在常压测试时选择空气作为终端全反射器，需改变管中静水压测试时选择厚金属块作为终端全反射器。

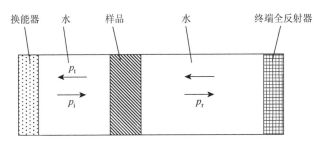

图 4-4　脉冲管法测试插入损失和回声降低原理图

按照图 4-4 所示的布置，能使发射脉冲与样品的反射脉冲、由终端反射回来的两次穿过样品的声脉冲及其他脉冲完全分开。

测试时，先测出与示波器上第一个脉冲 p_r 和第二个脉冲 p_t 相对应的衰减器读数 α_r 和 α_t [13]，取出样品后再测出与示波器上第一个脉冲相对应的衰减器读数 α_d（电脉冲已被示波器消隐掉），分别用下列公式计算 I_l 和 E_r：

$$I_l = (\alpha_d - \alpha_t) / 2 \qquad (4\text{-}24)$$

$$E_r = \alpha_d - \alpha_r \qquad (4\text{-}25)$$

虽然脉冲管法测试插入损失和回声降低的优点较为明显，但该方法只在垂直入射情况下适用，无法确定两参数与入射角的关系。

4.1.3　测试结果示例

在声管中利用以上方法，测试得到的不同水位高度情况下绝对软界面声反射系数，如图 4-5 所示。

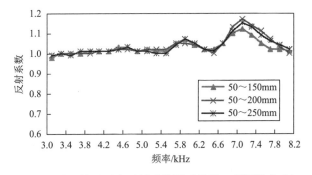

图 4-5　绝对软界面声反射系数测试结果（彩图附书后）

在直径为 120mm 的声管中，利用以上方法测试得到的实心样品声反射系数如图 4-6 和图 4-7 所示。

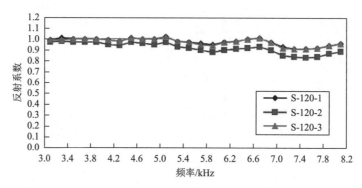

图 4-6　三种实心样品的声反射系数测试结果（彩图附书后）

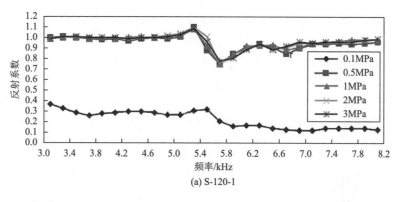

(a) S-120-1

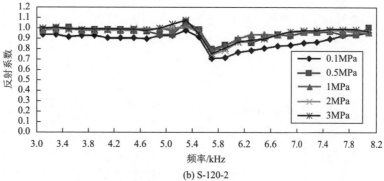

(b) S-120-2

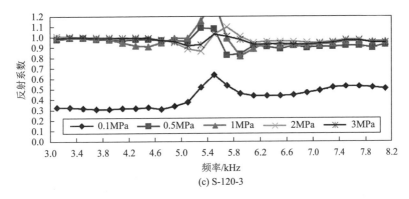

(c) S-120-3

图 4-7　加压环境下三种实心样品的声反射系数测试结果（彩图附书后）

脉冲管测试装置能够测试样品的声反射系数和声透射系数，但在测试声透射系数时要求样品必须是均匀密实的。测试的最低频率取决于声管的长度，一般在2kHz 左右。脉冲管法是分别直接测试入射波、反射波和透射波的声压值，它是一种经典、可靠的声管测试方法。但由于该方法对测试脉冲时间长度有一定的要求，这就对声管长度提出了较高的要求，特别是在低频时（1kHz 以下）难以通过脉冲管法来实现。

4.2　驻波管法

较低频率材料的复声反射系数通常在驻波管中进行测试，与脉冲管不同的是，脉冲管发射的是正弦脉冲信号，而驻波管发射的是单频连续信号。同样的，在驻波管里进行测试时，驻波管也需要满足相应的要求，以保证测试的准确性。

4.2.1　复声反射系数的测试方法

1. 测试原理

驻波管结构与脉冲管类似，如图 4-1 所示，测试时，由声管一端的换能器发射连续信号，声波被样品反射后在管内形成驻波，用可移动的探针式水听器来测试管中的驻波参数，即可得到材料的复声反射系数。

当管中满足平面波声场条件，而且管中介质的吸收可以忽略不计时，样品前 x 处的声压可以表示为[14-17]

$$p(x) = p_i e^{-jk_w x} + R p_i e^{jk_w x} \tag{4-26}$$

式（4-26）表面管中声场是两个平面波的叠加，又有 $R = R\,\mathrm{e}^{j\varphi}$ [3]，于是式（4-26）可以写为

$$p(x) = p_i \mathrm{e}^{-jk_w x} + R p_i \mathrm{e}^{j(k_w x + \varphi)} \tag{4-27}$$

声压的模为

$$| p(x) |= p_i [1 + R^2 + 2R\cos(2k_w x - \varphi)]^{1/2} \tag{4-28}$$

由式（4-28）可知，当 $\cos(2k_w x - \varphi) = 1$ 时，$| p(x)|$ 出现最大值；当 $\cos(2k_w x - \varphi) = -1$ 时，$| p(x)|$ 出现最小值。令驻波比 SWR 为

$$\mathrm{SWR} = | p(x) |_{\max} /| p(x) |_{\min} \tag{4-29}$$

则有

$$\mathrm{SWR} = (1 + R) / (1 - R) \tag{4-30}$$

于是可得复声反射系数的模：

$$| R |= (\mathrm{SWR} - 1) / (\mathrm{SWR} + 1) \tag{4-31}$$

复声反射系数的相位可从第一个声压极小值的位置来确定，因为 $\cos(2k_w x - \varphi) = -1$，所以有

$$\varphi = \frac{4\pi x_0}{\lambda_w} - \pi \tag{4-32}$$

式中，x_0 为管中样品前第一个声压极小值的位置；λ_w 为管内水中声波的波长。

应当指出，从频率和声速来计算 λ_w 是不太准确的，比较可靠的方法是测量两个极小值的位置（x_0 和 x_1）并消去 λ_w：

$$\varphi = \pi \left(\frac{2x_0}{x_1 - x_0} - 1 \right) \tag{4-33}$$

式中，x_1 为第二个极小值位置。

式（4-27）和式（4-33）是利用驻波管测试材料样品复声反射系数的模 $|R|$ 和相位 φ 的基本公式。只要用探针水听器沿管轴移动，测量出样品前的第一个和第二个声压极小值的位置及声压的极大值和极小值，即可得到材料样品的复声反射系数 R。

2. 误差和设备要求

与脉冲管类似，测试 R 时要求发射设备功率必须稳定，以保证在测试过程中

声压稳定不变，另外，探针水听器尺寸应远小于波长。φ 的测试误差可用式（4-32）进行分析，相位 φ 的误差关系式为

$$\Delta\varphi = \Delta\left(\frac{4\pi x_0}{\lambda_\mathrm{w}} - \pi\right) \qquad (4\text{-}34)$$

由式（4-34）可知，φ 的测试准确度由工作频率 f、声速 c 和第一个极小值位置 x_0 的误差决定，则有

$$(\Delta\varphi)_{\max} = \left|\frac{\partial\varphi}{\partial f}\Delta f\right| + \left|\frac{\partial\varphi}{\partial c}\Delta c\right| + \left|\frac{\partial\varphi}{\partial x_0}\Delta x_0\right| = \Delta\varphi_f + \Delta\varphi_c + \Delta\varphi_{x_0} \qquad (4\text{-}35)$$

式中，$\Delta\varphi_f = \dfrac{4\pi x_0}{\lambda_\mathrm{w}}\left|\left(\dfrac{\Delta f}{f}\right)_{\max}\right|$；$\Delta\varphi_c = \dfrac{4\pi x_0}{\lambda_\mathrm{w}}\left|\left(\dfrac{\Delta c}{c}\right)_{\max}\right|$；$\Delta\varphi_{x_0} = \dfrac{4\pi x_0}{\lambda_\mathrm{w}}\,|\,(x_0)_{\max}\,|$。

设驻波管总长度 $l = 2\mathrm{m}$，工作频率 $f = 10\mathrm{kHz}$，信号频率稳定度 $\Delta f/f = 10^{-5}$，温度变化可控制在 $\Delta t = \pm 0.1\,^\circ\!\mathrm{C}\,(\Delta c/c = 2\times10^{-4})$，$\Delta x_0$ 可控制在 $\pm 1\mathrm{mm}$ 以内，则可计算出 $\Delta\varphi_f = 0.002^\circ$，$\Delta\varphi_{x_0} = 4.8^\circ$，以上计算结果表示，频率和温度的变化对 φ 的影响要比脉冲管小得多。

但是，探针水听器位移的偏差为 $\pm 1\mathrm{mm}$ 时，就会引起显著相位误差，所以驻波管法对装置坐标的精度要求高。另外，用驻波管测试时，由于要移动水听器，还要增加一套传动机构。如果要改变管中静水压，传动机构是相当复杂的。通常，驻波管是收发分置的，这种设备的一个主要缺点是样品必须开槽（或孔），这样探针水听器才能够在样品前面来回移动。然而开槽样品会给测试带来一些问题，某些样品不允许开槽，或者带有水密外壳，这就造成了驻波管测试的局限性。当然，也有换能器收发合置的驻波管，不需要探针水听器，也不要求样品开槽（或孔），测试时样品在管内移动。但是当样品离开管端进入管中时，样品背侧难以实现绝对软（或硬）的标准反射界面，会给测试带来较大误差。

3. 典型测试装置

典型测试装置由位置标尺、测量放大器、带通滤波器、示波器、低频信号发生器、频率计、换能器等组成[18]，如图 4-8 所示，有时还包括驻波管的吸声末端和温度计。

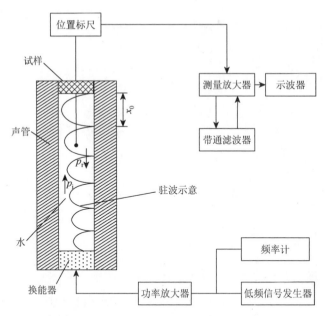

图 4-8　驻波管法复声反射系数测试装置图

　　测试装置在使用前应进行一系列校验，这些校验有助于排除各种误差来源并使之达到最低要求。

　　驻波管本体为一个厚壁直立不锈钢长圆管，内径均匀，内表面光洁，无缺陷，安装时应有良好的隔振措施。发射换能器为平面圆活塞型，应有良好的水密性、温度稳定性、时间稳定性和静水压稳定性，安装时与驻波管本体的振动耦合应最小。

　　对于测试装置的要求如下。

　　（1）信号发生器输出频率为 20～20000Hz，频率稳定度优于 10^{-6} 的正弦波；

　　（2）频率计应采用频率精度优于 1%，频率稳定度优于 10^{-8} 的计量信号源输出；

　　（3）功率放大器输出功率不小于 5W，频率为 20～20000Hz，且与发射换能器有良好阻抗匹配；

　　（4）测量放大器频率为 20～20000Hz，测量电压为 10×10^{-6}～30V，增益可在 −30～100dB 内调节，并且本机噪声不得大于 10μV；

　　（5）相位计频率为 20～20000Hz，检测相位范围为 ±180°，检测分辨率为 ±1°，输入电压为 0.5～5V；

　　（6）水听器频率为 10～20000Hz，耐静水压大于 4.0MPa，尺度小于声管径的 1/10，且小于最高测试频率时波长的 1/10；

　　（7）水听器位置标尺应可连续读出水听器位置，读数分辨率为 0.5mm；

（8）标准宽带全反射体频率为 20～5000Hz，复声反射系数模为 1，相位为 0°或 180°，耐静水压大于 4.0MPa；

（9）驻波管内应充满蒸馏水，每当更换水介质后，必须清除管内气泡，并至少静置两天之后方可进行测试。

对于试样的要求如下。

（1）试样应做成圆柱形，其直径 a 与管内壁间的环缝宽度 Δr 应满足 $\Delta r/2a < 0.01$；

（2）测试均匀材料复声速时，试样厚度一般为 $(0.3\sim 0.6)\lambda$；

（3）试样要求表面平整、厚度一致，同一材料、同样规格的试样应不少于 3 块；

（4）测试前应清洗试样表面，并在水中浸泡 24h 以上；

（5）测试时，试样背面应与管口齐平，在常压下采用空气背衬条件测试时，应将样品背面的水吸干；

（6）带背衬测试时，应将试样均匀粘贴在背衬上，待胶水干后再进行测试；

（7）安装试样时应注意不能带入气泡，安装完毕后停留数分钟再进行测试。

首先测量水温、材料密度和试样的直径与厚度，并检查整个测试系统，在所有测试频率范围内，信噪比不小于 20dB，空管驻波比不小于 40dB。

从试样表面位置开始，移动水听器，寻找驻波的波腹和波节，以及第一个波节离试样表面的距离 x_0，重复移动水听器测量三次，取其平均值。

驻波管测试频率比脉冲管低，一般为几百赫兹到几千赫兹，被测样品置于管口，常用于声管末端声阻抗已知情况下样品声反射系数的测试，不能直接测试样品的隔声（或透声）性能，具有较大的局限性。

4.2.2　隔声量的测试方法

早期评价构件的隔声量时一般在隔声实验室中进行，被测构件的面积一般为 $10m^2$，样品尺寸大，成本高，只有当项目进行到工程转化阶段时才有条件实现，且通常按照隔声的质量定律进行估算，误差较大。利用驻波管可以测试构件隔声量，这种方法较为简单且所需试样尺寸小。由声压声透射系数的定义可知，为保证被测构件后方不存在反射波，驻波管的末端必须安装吸声体。被测试样置于驻波管中部，试样前方形成驻波场，背后的透声场为行波场[19]，测试原理如图 4-9 所示。

声管中的测试方法有两种，一种是先在有试样的条件下测量 A 点的透射声压 p_t，然后在无试样的条件下，在同一点 A 处测量直达声压（假设声波在驻波管中传播时无衰减）作为入射声压 p_i，两者比值为声压声透射系数 t_p，此法称为"末端直接比较法"，即 4.1 节中提到的插入损失测试法。

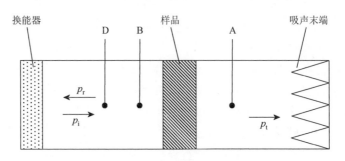

图 4-9　驻波管法隔声量测试装置图

当试样表面的吸声性能较好时，隔声量 TL 与插入损失 I_l 的数值相差较小；但是对于吸声性能差的试样来说，I_l 比 TL 小得多，其原因可从图 4-9 中看出，在样品的左端，由于试样表面及声源表面均存在反射，同方向同频率的声波多次叠加，使得入射到试样表面的正向波大于声源实际发射的声波声压（在比较法中采用无试样时 A 点的声压值）。

因此，真正的入射波声压应该是样品左端驻波场中的正向波。为了解决这个问题，研究人员发展了双传感器法，将驻波场中的正向波（入射波）与反向波区分开来，称为"吸声末端驻波分离法"。如图 4-9 所示，设正向波为 p_i，反向波为 p_r，d 为传感器 B 和 D 的间距；传感器 B 和 D 测得的声压分别为 p_B 和 p_D，则[20, 21]

$$p_B = p_i e^{-jkd} + p_r e^{jkd} \tag{4-36}$$

$$p_D = p_i + p_r \tag{4-37}$$

分离出的正向波为

$$p_i = \frac{p_B - p_D e^{jkd}}{e^{-jkd} - e^{jkd}} \tag{4-38}$$

因此，只需一次实验便可将入射波和透射波全部测出，既减少了测试次数，又提高了测试精度。研究并设计性能优秀的吸声末端是驻波管隔声量测试中的一项关键技术，为保证隔声量测试误差小于 ±1dB，要求吸声末端的吸声系数在所测频段范围内达 0.99 以上。测试时，换能器要靠近试样背面，远离吸声末端，以提高测试精度。试样的制作和安装是保证测试精度的另一个重要因素，特别要注意试样与管壁之间的缝隙不能太大，要设法封住，以防漏声，影响测试精度。

研究表明，采取驻波管分离法可以实现完全按隔声量的定义在驻波管中进行隔声量的测试，与直接比较法相比，可减少测试工作量，提高测试精度，但是采用这种方法无法实现重构件及大面积不均匀构件的隔声测试。

4.3　行　波　管　法

采用脉冲管测试装置能够测试样品的声反射系数和声透射系数,但在测试声透射系数时要求样品必须是均匀密实的。测试的最低频率取决于声管的长度,一般在 2kHz 左右。驻波管测试装置可以在低频连续波条件下工作,其最低测试频率取决于声源的信噪比,目前可以达到 100Hz。但在测试时,必须将被测样品置于管口,仅能在两种情况下测试声反射系数,即样品带声学背衬的情况和声管末端阻抗已知的情况,所以不能直接得到被测样品本身的声学性能,该方法具有一定的局限性。

行波管法是从驻波管法发展而来的,解决了低频声管中声场由驻波到行波的转变问题,在实验室充水声管中模拟自由场的水温和水压环境,在低频段实现试样声学参数的测试。

对驻波管进行改进,被测样品置于声管中央,声管两端配置一对发射换能器,在末端安装无源吸声构件来吸收声波,使驻波场变为行波场,测试时就可以不必考虑声波在管口的反射和管口声阻抗的影响,如同声管无限长一样,可形成单向传播的行波。但低频耐压的无源吸声构件的制作仍比较困难,而采用主动消声技术可以很好地解决上述问题。

4.3.1　测试原理

行波管工作原理图如图 4-10 所示,被测样品置于声管的中央,和声轴线垂直,将声管隔为上下两部分。主发射换能器位于声管底部,次发射换能器位于声管上部,均为平面活塞式换能器。在上下两部分声管中分别嵌入水听器组,用来测试样品的反射声场和透射声场[22, 23]。

采用主动消声技术,样品的透射声波在声管次发射换能器表面的反射可忽略,在管中建立行波声场。然后,通过分别计算样品两边声场中每一对水听器的传递函数,得到样品的声反射系数和声透射系数。主发射换能器发射正弦声波,垂直入射到样品表面,声压为 p_{tn},声能的一部分反射回来,声压为 p_{re},一部分投射到上半部分声管,声压为 p_{tr}。

行波管的要求是传播到次发射换能器表面的声波与其发射的声波抵消,即不被表面反射。根据这一原理,需要不断地调节主、次发射换能器发射信号的幅度比和相位差,在声管上半部分形成行波声场,即样品透射波单向传播。在理想状态下,当行波场形成时,次发射换能器表面的声压声反射系数 r 为零。透射行波场形成后,在声管的下半部分只是由入射声波和样品的反射波形成的驻波场。

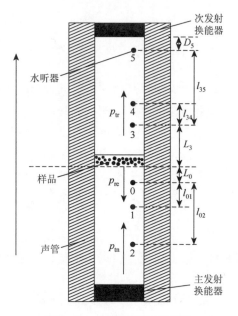

图 4-10　行波管工作原理图

在建立行波声场过程中，只有主发射换能器发射声波，次发射换能器不工作，用双水听器传递函数法计算次发射换能器表面的声反射系数 r_0，以 0、2 号和 3、5 号水听器为例[24]：

$$r_0 = \frac{1 - h_{35} \mathrm{e}^{jkl_{35}}}{(h_{35} - \mathrm{e}^{jkl_{35}}) \mathrm{e}^{jk(2D_5 + l_{35})}} \qquad (4\text{-}39)$$

$$r_1 = r_0 + MU_0 \qquad (4\text{-}40)$$

式中，h_{35} 为 3、5 号水听器之间的传递函数；U_0 为 0 号水听器通道输出的电压值；k 为管中声波波数；D_5 表示 5 号水听器与次发射换能器表面的距离；l_{35} 为组成阵列的 3 号水听器和 5 号水听器之间的距离。

在主发射换能器发射状态不变的情况下，次发射换能器由一个特定幅度和相位的电信号 U_0 驱动，根据式（4-39）测试得到次发射换能器表面的声反射系数 r_0，由式（4-40）可得 M。

我们希望当输入次发射换能器功放的信号为 U_x 时，次发射换能器表面不存在反射声波，则有

$$r_x = r_0 + MU_x = 0 \qquad (4\text{-}41)$$

即

$$U_x = -\frac{r_0}{M} \qquad (4\text{-}42)$$

行波声场建立后，在测试样品声学参数时，为满足空间采样定理，根据不同

的测试频率，选择不同水听器来记录样品反射波、透射波区域声场；应用双水听器的传递函数，得到样品声反射系数 r_p 和声透射系数 τ_p 的计算公式分别为（选取 0、2、3、5 号水听器为例）

$$r_\mathrm{p} = \frac{p_\mathrm{r}}{p_\mathrm{in}} = \frac{1 - h_{20}\mathrm{e}^{jkl_{02}}}{(h_{20} - \mathrm{e}^{jkl_{20}})\mathrm{e}^{jk(2l_0 + l_{02})}} \qquad (4\text{-}43)$$

$$\tau_\mathrm{p} = \frac{p_\mathrm{t}}{p_\mathrm{in}} = \frac{h_{30} - h_{50}\mathrm{e}^{jkl_{35}}}{(h_{20} - \mathrm{e}^{jkl_{02}})\mathrm{e}^{jk(l_0 + l_3 + l_{35})}} \qquad (4\text{-}44)$$

式中，h_{mn} 为 m、n 号水听器之间的传递函数；l_{mn} 为 m、n 号水听器之间的距离；l_n 为 n 号水听器与样品声波入射面的距离。

4.3.2 测试系统及改进

根据行波管双水听器传递函数法测试的基本原理，只要测得行波管上部和下部各水听器对双路接收通道的传递函数，就可根据式（4-39）～式（4-42）进行主动消声计算，再根据式（4-43）和式（4-44）计算得到样品的声反射系数和声透射系数。测试系统框图如图 4-11 所示[25, 26]。

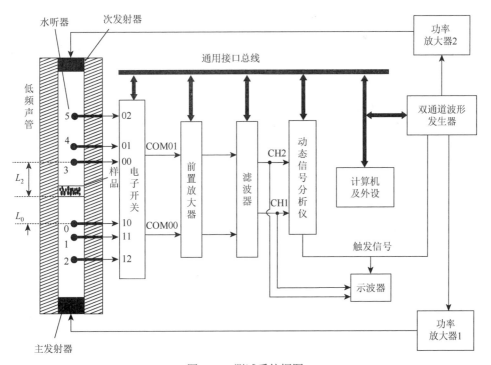

图 4-11 测试系统框图

测试信号为两路同步触发的同频长脉冲，计算机直接得到的是动态信号分析仪 CH1 和 CH2 输入信号频率响应函数的幅值和相位，对应电子开关 COM00 和 COM01 的输出信号传递函数：

$$h(\mathrm{j}2\pi f) = \frac{\mathrm{FFT(CH1)}}{\mathrm{FFT(CH2)}} = H(\mathrm{j}2\pi f)\mathrm{e}^{\varphi(\mathrm{j}2\pi f)} \tag{4-45}$$

式中，H 为幅值；φ 为相位；FFT 表示对信号进行快速傅里叶变换（fast Fourier transform，FFT）后的结果。

但这样的测试系统也存在一些不足：①由于仪器通道的限制，每次只能采集一组水听器的信号，而且不能随意组合水听器；②受驻波场的节点等影响，导致建立全频段行波声场的能力下降；③测试过程中，声信号的变化及电子开关的闭合对动态信号分析仪的冲击作用使测试效率和测试精度受到影响。改进后的测试系统框图如图 4-12 所示，此时，式（4-39）、式（4-43）和式（4-44）可分别表示为

$$r_0 = \frac{N_5 U_5 - N_3 U_3 \mathrm{e}^{\mathrm{j}k l_{35}}}{(N_3 U_3 - N_5 U_5 \mathrm{e}^{\mathrm{j}k l_{35}})\,\mathrm{e}^{\mathrm{j}k(2D_5 + l_{35})}} \tag{4-46}$$

$$r_\mathrm{p} = \frac{p_\mathrm{r}}{p_\mathrm{in}} = \frac{U_0 - N_2 U_2 \mathrm{e}^{\mathrm{j}k l_{02}}}{(N_5 U_5 - U_0 \mathrm{e}^{\mathrm{j}k l_{02}})\,\mathrm{e}^{\mathrm{j}k(2L_0 + l_{02})}} \tag{4-47}$$

$$\tau_\mathrm{p} = \frac{p_\mathrm{t}}{p_\mathrm{in}} = \frac{N_3 U_3 - N_5 U_5 \mathrm{e}^{\mathrm{j}k l_{35}}}{(N_2 U_2 - U_0 \mathrm{e}^{\mathrm{j}k l_{02}})\,\mathrm{e}^{\mathrm{j}k(L_0 + L_3 + l_{35})}} \tag{4-48}$$

式中，N_n 为 n 号水听器对 0 号水听器的相对灵敏度系数。

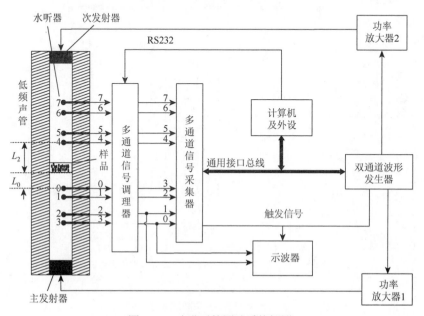

图 4-12　改进后的测试系统框图

通过前置多通道信号调理器的滤波放大，各水听器信号 U_n 由多通道信号采集器同时同步进行采集。依据双水听器传递函数法的误差分析，双水听器的间距应满足：$0.2\pi < kl_{mn} < 0.8\pi$。根据式（4-46）计算次发射换能器表面的声反射系数并建立行波声场，再分别由式（4-47）和式（4-48）计算样品的声反射系数 r_p 和声透射系数 τ_p。

由于声管中各水听器都参与声信号采集，水听器组对灵活，可以明显提高建立全频段行波声场的能力。同时，多通道信号同时进行采集，使通道一致性、测量效率和测试精度也得到了提高。除了发射换能器的声信噪比、水听器间距精度等外，水听器在不同温度和压力下的灵敏度相幅一致性也会对测试结果产生影响。可以利用测试水的声反射系数、声透射系数对系统进行修正。由于水的声性能参数对静水压是不敏感的，可以先不放置样品，把相同位置的水柱作为被测样品，可以通过测试水柱的声反射系数和声透射系数来检验管中是否形成了行波。

4.3.3　测量不确定度

测试系统的不确定度分量可分为两类：一类是由重复性测量引入的，可以通过统计的方法进行评定，称为 A 类评定；另一类是由测试系统本身或测试方法不完善等引入的，可以通过理论和经验分析的方法进行评定，称为 B 类评定。在行波管测试系统中，测试系统 B 类不确定度分量的主要来源为行波管中样品和水听器相对位置数据测量的精确度、水介质声速测试的精确度、行波声场的满足程度、样品支架干扰程度、双水听器接收通道的相幅不一致性、声信号信噪比的不足、发射信号串漏、样品和声管壁的间隙影响、水温和水压的不稳定等。

样品尺寸和水听器的相对位置由机械加工精度决定，它们在测试计算中引入的不确定度可以忽略。通常认为，在测试进程中水温、水压是稳定的，引入和水温有关的经验公式后可以假设声速参数为常数。平面波声场的干扰起伏和水听器组的灵敏度相幅不一致性这两项主要不确定度来源最终都反映到了声信号接收通道的相幅不一致性上。

4.3.4　测试结果示例

采用行波管法对不同厚度的钢板进行测试，结果见图 4-13，图中 R 表示声反射系数，T 表示声透射系数。

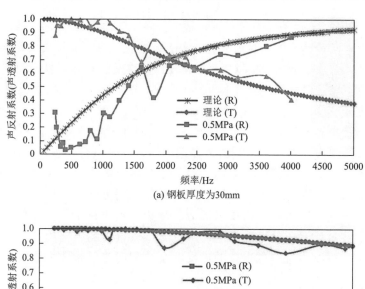

(a) 钢板厚度为30mm

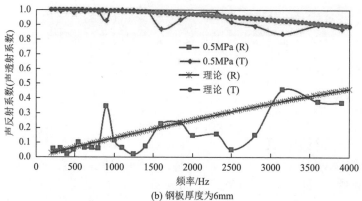

(b) 钢板厚度为6mm

图 4-13　钢板的行波管测试结果与理论值对比（彩图附书后）

采用行波管法对某水声材料进行测试，结果见图 4-14。

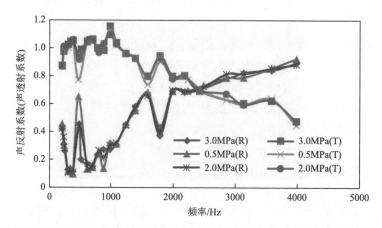

图 4-14　某水声材料的声反射系数与声透射系数测试结果（彩图附书后）

行波管测试方法实现了水声材料和构件低频声学参数的测试，对应的测试系统可以提供一定静水压下样品的声反射系数、声透射系数（隔声系数）和吸声系数等参数，为研究和鉴定材料和构件提供了新的测试手段，较好地解决了国内水声材料和构件低频测试难题。高频段又可以与脉冲声管、自由场测试装置衔接，提高水听器接收灵敏度和通道的相幅一致性，并提高在管中建立行波的效率，可以使行波管测试技术进一步完善，测试精度得以提高。

4.4　时空逆滤波法

行波管法能够有效弥补声管法测试的低频限制，可进行吸声和隔声测试，一般测试频率为 400～2000Hz，这种方法的测试精度很大程度上取决于声管中行波场的水平，因而对有源消声技术的要求较高。受限于有源消声技术的发展，采用行波管法测试时，低频误差较大，且测试装置非常复杂。

如果将逆滤波技术用于水声管的声学测试，激励换能器在水声管中产生宽频脉冲信号，水听器接收入射信号和样品反射信号，在脉冲波分离的情况下计算水声材料的声反射系数和吸声系数，可以拓宽在声管中的测试低频下限。该方法使用单水听器，克服了传递函数法中双传声器幅度和相位不匹配的问题。然而，当进一步降低测试频率时，产生测试脉冲所需要的驱动信号加长，对于收发合置式脉冲管系统，会使发射信号和接收信号产生混叠，甚至导致换能器无法发射完整的脉冲波。因此，这种采用前置逆滤波方法在水声管中产生可控脉冲波的测试方案在低频测试中存在技术上的障碍。

基于后置逆滤波的宽带脉冲法测试，在获得系统传递函数后，直接对观测信号进行后置逆滤波，不需要前处理操作，能有效避免前置逆滤波方法带来的驱动信号过长的问题[27, 28]。

4.4.1　后置逆滤波法的测试原理

事实上，后置逆滤波测试法仍是一种宽带脉冲测试法，其测试原理图如图 4-15 所示[29]。由计算机产生数字信号 $x_1(t)$，输入发射系统，激励换能器在水声管中产生入射声波信号。入射声波经由标准反射体或待测样品反射后产生回波信号，回波信号经过换能器接收转换为电信号，电信号由接收系统采集得到[30]。

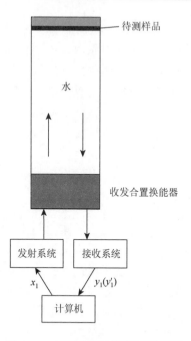

图 4-15　后置逆滤波法测试原理图

当反射面为标准反射体时，接收系统采集到的信号为 $y_1'(t)$，称为参考信号；当反射面为待测样品时，采集到的信号为 $y_1(t)$，称为样品反射信号。

待测样品的声反射系数 $R(\omega)$ 为

$$R(\omega) = \frac{Y_1(\omega)}{Y_1'(\omega)} \qquad (4\text{-}49)$$

式中，$Y_1'(\omega)$ 为参考信号的幅度谱；$Y_1(\omega)$ 为样品反射信号的幅度谱。

将样品置于声管口，吸声系数可由声反射系数计算得到[31]：

$$A(\omega) = 1 - R^2(\omega) \qquad (4\text{-}50)$$

采用宽带脉冲法测试时，换能器接收的信号可表示为宽带信号与发射系统、传输系统及接收系统响应函数的卷积。由于系统响应和噪声的影响，线性系统的输出较为模糊，需要一段时间后，接收到的脉冲信号才能建立稳态，不再规整，当超过低频限测试时，无法获取有效分量和截取脉冲波。使用逆滤波技术，在已知输出和系统响应的条件下，得到宽带信号，测试系统的信号处理模型如图 4-16 所示[32, 33]。

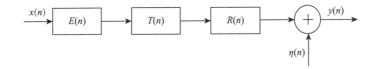

图 4-16　测试系统信号处理模型

输出（接收）信号 $y(n)$ 可以表示为

$$y(n) = x(n) \otimes h(n) + \eta(n) \qquad (4\text{-}51)$$

式中，$h(n)$ 为测试系统响应函数；$\eta(n)$ 为随机噪声；$x(n)$ 为输入信号。

$$h(n) = E(n) \otimes T(n) \otimes R(n) \qquad (4\text{-}52)$$

其中，$E(n)$ 为分发射系统响应函数；$T(n)$ 为传输环境下的响应函数；$R(n)$ 为接收系统的响应函数。

反卷积的目的就是要从观测信号中恢复输入信号 $x(n)$。一般在频域内对式（4-51）进行计算，最常用的频率逆滤波方法是维纳逆滤波。频域内的维纳逆滤波表达式为

$$\hat{X}(\omega) = \frac{Y(\omega)H^{*}(\omega)}{|H(\omega)|^{2} + S_{n}(\omega)/S_{s}(\omega)} \qquad (4\text{-}53)$$

式中，$S_{n}(\omega)$ 为噪声信号的功率谱密度函数；$S_{s}(\omega)$ 为待求信号的功率谱密度函数。

4.4.2　后置逆滤波法的实现步骤

1）计算系统传递函数

采用计算机控制信号发生器生成宽带窄脉冲信号，通过功率放大器后激励换能器，测量输出响应。根据输入、输出计算系统传递函数 $H_{1}(\omega)$。

2）设计滤波器传递系数 $H_{2}(\omega)$

$$H_{2}(\omega) = \frac{Y(\omega)H_{1}^{*}(\omega)}{|H_{1}(\omega)|^{2} + S_{n}(\omega)/S_{s}(\omega)} \qquad (4\text{-}54)$$

式中，$S_{n}(\omega)/S_{s}(\omega)$ 通常设定为一个固定常数。

3）输入脉冲信号

将脉冲信号 $x(n)$ 作为系统输入信号，由放置标准反射体和待测样品的测试系统输出，分别记为 $y'(n)$ 和 $y(n)$。

4）后置逆滤波

利用式（4-54）对输出信号 $y'(n)$ 和 $y(n)$ 进行后置滤波，得到估计信号，然后对其进行傅里叶逆变换，即可得到消除测试系统影响后的理想脉冲信号 $z'(n)$ 和 $z(n)$。

5）计算声反射系数和吸声系数

计算 $z'(n)$ 和 $z(n)$ 的幅度谱分别为 $Y_1'(\omega)$ 和 $Y_1(\omega)$，代入式（4-49）和式（4-50），即可计算得到待测样品的声反射系数和吸声系数。

基于后置逆滤波的宽带脉冲法使用了逆滤波处理，降低了系统响应对接收信号的影响，与设计的波形具有良好的一致性，兼具时域窄、频域宽的优点，改善了脉冲重叠，并且能有效地克服传统测试方法的低频限制。如果提高换能器的低频响应特性，有望进一步降低水声管测试的低频限制。

4.4.3　测试结果示例

采用基于后置逆滤波的宽带脉冲法对 8mm 钢板进行测试，结果见图 4-17，与直采测试结果进行对比，其在低频段的测试精度得到了大幅度改善。

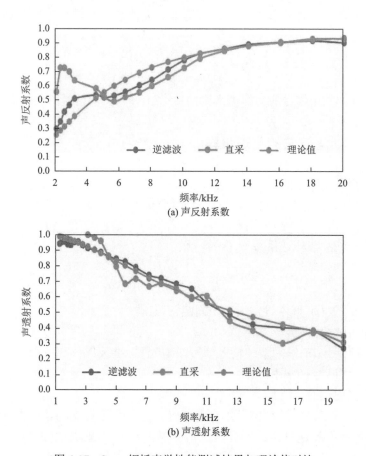

(a) 声反射系数

(b) 声透射系数

图 4-17　8mm 钢板声学性能测试结果与理论值对比

参 考 文 献

[1]　孙亮，侯宏，万芳荣，等. 声管脉冲回波法吸声系数测量技术[C]//中国声学学会. 2008 年全国声学学术会议论文集. 《声学技术》编辑部. 2008：334-335.

[2]　吕世金，苗金林，张晓伟. 水下材料声学性能宽频段测量方法[J]. 应用声学，2011，30（1）：37-45.

[3]　缪荣兴，王荣津. 水声材料纵波声速和衰减系数的脉冲管测量[J]. 声学与电子工程，1986（2）：33-39.

[4]　王少博，侯宏，孙亮，等. 基于宽频脉冲声的水声材料声学参数测量[J]. 噪声与振动控制，2013（s1）：222-224.

[5]　中华人民共和国国家质量监督检验检疫总局，中国国家标准化管理委员会. 声学 水声材料纵波声速和衰减系数的测量 脉冲管法（GB/T 5266—2006）[S]. 北京：中国标准出版社，2006.

[6]　侯宏，孙亮，董利英，等. 声管脉冲回波法吸声系数测量技术.[J]. 计量学报，2010，31（2）：101-105.

[7]　孙亮，侯宏，董利英，等. 声管中隔声量测试的脉冲声法[J]. 西北工业大学学报，2010，28（6）：840-843.

[8]　赵渊博，侯宏，孙亮. 收发合置水声管中使用宽带脉冲的吸声测量方案[J]. 声学技术，2016（3）：213-217.

[9]　代阳，杨建华，侯宏，等. 声管中的宽带脉冲法的水声材料吸声系数测量[J]. 声学学报，2017（4）：94-102.

[10]　Sun L，Hou H，Dong L Y，et al. Measurement of characteristic impedance and wave number of porous material using pulse-tube and transfer-matrix methods[J]. The Journal of the Acoustical Society of America，2009，126（6）：3049-3056.

[11]　Sun L，Hou H. An improved water-filled pulse tube method using time domain pulse separation method[J]. Journal of Marine Science and Application，2013，12（1）：122-125.

[12]　王少博. 基于传递矩阵和宽频脉冲声的水声材料声学参数测量方法[J]. 宇航计测技术，2014，34（5）：58-60.

[13]　周富霖，范军，王斌. 数值水声声管及其应用[C]//中国声学学会第十一届青年学术会议，西安，2015.

[14]　李水，沈建新，唐海清，等. 水声材料低频吸声性能的驻波管测量[C]//全国船舶仪器仪表 2001 年学术会议，成都，2001.

[15]　李水，沈建新，唐海清，等. 水声材料低频声性能的驻波管测量[J]. 计量学报，2003（3）：63-66.

[16]　中华人民共和国国家质量监督检验检疫总局，中国国家标准化管理委员会. 声学 阻抗管中吸声系数和声阻抗的测量 第 1 部分：驻波比法（GB/T 18696.1—2004）[S]. 北京：中国标准出版社，2004.

[17]　彭东立，胡碰，朱蓓丽. 驻波管隔声量测试修正方法[C]//第十届船舶水下噪声学术讨论会，烟台，2005.

[18]　中华人民共和国工业和信息化部. 水声材料驻波管测量方法（CB/T 3674—2019）[S]. 北京：中国标准出版社，2019.

[19]　曲波，朱蓓丽. 驻波管中隔声量的四传感器测量法[J]. 噪声与振动控制，2002（6）：44-46.

[20]　朱蓓丽，罗晓辉. 驻波管中的隔声量测试方法[J]. 噪声与振动控制，2000（6）：41-43.

[21]　彭东立，胡碰，朱蓓丽. 驻波管中介质板复透射系数的修正计算方法[J]. 上海交通大学学报，2007，41（4）：649-653.

[22]　李水. 水声材料低频声性能的行波管测量[J]. 声学学报，2007，32（4）：349-355.

[23]　李水，罗马奇. 水声构件隔声性能的低频测量[C]//第十一届船舶水下噪声学术讨论会，西安，2007.

[24]　李水，罗马奇. 水声材料低频声性能测量行波管法的测量不确定度分析[C]//2009 中国西部地区声学学术交流会，景洪，2009.

[25]　罗马奇，李水，易燕，等. 水声材料低频声性能行波管测量系统的改进及实验[C]//2009 中国西部地区声学学术交流会，景洪，2009.

[26]　李水，罗马奇，祖峰磊，等. 水声材料声学参数行波管测量装置[C]//第十四届船舶水下噪声学术讨论会，重庆，2013.

[27] 易燕，李水，杜纪新，等. 一种大面积水声材料透声性能角谱的测量方法：CN102818850A[P]. 2012-12-12.

[28] 李建龙，李素旋，肖甫. 一种基于多通道空时逆滤波技术的声学覆盖层插入损失测量方法：CN105301114A[P]. 2016-02-03.

[29] 任伟伟，侯宏，孙亮. 窄脉冲声用于大样品的吸声测量[J]. 应用声学，2010，29（6）：430-436.

[30] 代阳，杨建华，侯宏，等. 声管中的宽带脉冲法的水声材料吸声系数测量[J]. 声学学报，2017，42（4）：476-484.

[31] 孙亮，万芳荣，董利英. 基于逆滤波器原理的吸声系数测量研究[J]. 噪声与振动控制，2009，29（2）：140-142.

[32] 任伟伟，侯宏，孙亮. 窄脉冲声用于大样品的吸声测量[J]. 应用声学，2010，29（6）：430-436.

[33] 代阳，杨建华，侯宏，等. 基于时域逆滤波的宽带脉冲声生成技术[J]. 西北工业大学学报，2015，33（4）：688-693.

第5章　水下声学材料大样测试方法

5.1　宽带脉冲压缩法

在声学测量中，大面积材料样品一般能够反映材料本身特征或结构对其声学性能的影响。理想的大面积材料要求其横向尺寸远大于声波波长，就像被测材料样品是无限大一样。然而，在实际的自由场测试中，大面积材料的尺寸有限，所以测试经常会受到样品板边缘声衍射的干扰。为此，为减少这种干扰，在应用传统的方法测试时必须将样品做得很大，若要准确测试声反射系数，样品至少应为声波波长的 5 倍，这就决定了测试的低频限。同时，在保证测试用正弦脉冲有 3 个以上稳态波的条件下，正弦脉冲的脉宽越短越好。

传统测试方法采用脉冲声技术，避免直达波、反射波及其他多途信号在时域上发生混叠。宽带脉冲压缩法是一种宽频带测试方法，其关键在于设计并成功产生可控制的脉冲声测试信号[1]。利用反滤波技术，采用换能器阵列产生窄脉冲信号，在消声水池中测试材料大样声学参数，可以有效降低测试频率。为获得更短的发射脉冲，可以通过对测试系统进行最小平方反滤波来实现对发射脉冲信号的压缩；此外，也可以采用宽带长脉冲信号作为发射信号，对接收信号进行压缩，最终达到从多途信号中区分直达波的目的，实现对声透射系数的宽带测试。

宽带脉冲压缩法采用宽带平面换能器基阵、宽带窄脉冲信号和现代信号处理技术，可以在小型消声水池中对尺寸为 1m×1m 左右的大面积材料的声反射系数（回声降低）、声透射系数（插入损失）等声学性能参数进行测试，测试的低频限从传统方法中的 10kHz 降低到 2kHz 甚至更低。

5.1.1　测试原理

采用宽带脉冲压缩法进行材料大样声学性能测试时，首先要得到测试系统的冲击响应，然后利用反滤波技术，对宽带脉冲测量信号进行压缩，提高系统的低频响应，降低传统测试方法的低频限，然后进行反射和透射的宽带测试，其中反射测试运用了叠加法。最后由测得的声反射系数和声透射系数来计算其他声学参数[2]。

1. 最小平方滤波

在信号经过一个系统后的实际采集记录中，除了有用的信号外，常常还混叠有许多干扰，因此一般需要设计滤波器来抑制干扰成分，使滤波后的输出尽量接近有用信号。可以用最小平方准则来衡量这种接近的程度，假设总数据点数为$m+1$，其数学模型如图 5-1 所示[3]。

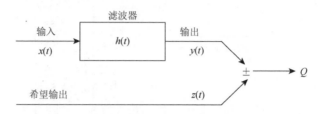

图 5-1　最小平方滤波数学模型

图 5-1，$x(t)$为输入信号；$h(t)$为滤波因子，$h(t) = [h(-m_0), h(-m_0+1), \cdots, h(-m_0+m)]$；$y(t)$为实际输出，$y(t) = h(t) * x(t) = \sum\limits_{s=-m_0}^{-m_0+m} h(s) \times x(t-s)$（*表示卷积）；$z(t)$为期望输出；$Q$为误差能量，$Q = \sum\limits_{t=-\infty}^{+\infty} \varepsilon^2(t) = \sum\limits_{t=-\infty}^{+\infty} [y(t) - z(t)]^2$。

最小平方滤波准则，即选择一个滤波因子 $h(t)$，使误差能量 Q 取最小值，此时的滤波因子 $h(t)$称为最小平方滤波因子。根据这一准则，推导可得到最小平方滤波方程：

$$
\begin{bmatrix}
r_{xx}(0) & r_{xx}(1) & r_{xx}(2) & \cdots & r_{xx}(m) \\
r_{xx}(1) & r_{xx}(0) & r_{xx}(1) & \cdots & r_{xx}(m-1) \\
r_{xx}(2) & r_{xx}(1) & r_{xx}(0) & \cdots & r_{xx}(m-2) \\
\vdots & \vdots & \vdots & \ddots & \vdots \\
r_{xx}(m) & r_{xx}(m-1) & r_{xx}(m-2) & \cdots & r_{xx}(0)
\end{bmatrix}
\begin{bmatrix}
h(-m_0) \\
h(-m_0+1) \\
h(-m_0+2) \\
\vdots \\
h(-m_0+m)
\end{bmatrix}
=
\begin{bmatrix}
r_{zx}(-m_0) \\
r_{zx}(-m_0+1) \\
r_{zx}(-m_0+2) \\
\vdots \\
r_{zx}(-m_0+m)
\end{bmatrix}
$$

$$(5-1)$$

式中，$r_{xx}(n)$ 为输入信号的自相关函数；$r_{zx}(n)$ 为希望输出信号和输入信号的互相关函数，其中 $n = -m_0, -m_0+1, \cdots, -m_0+m$。

2. 反滤波实现

令信号源输出一个宽带窄脉冲信号，如果测试系统的发射部分没有瞬态抑制处理，辐射的声脉冲信号会有一定的瞬态时间，其频谱接近系统的传递函数$|H(f)|$。适当增加这一脉冲的宽度后，可在一定程度上补偿换能器发射电压响应的低频段曲线，但这是比较有限的。考虑使换能器发出的声信号为一个理想的尖脉冲信号，在测试频率范围内具有非常平坦的频谱。设想从信号源输入的功放信号不是近似

$\delta(t)$函数的方波，而用频谱为 $1/H(f)$的信号代替，则水听器接收到的声信号频谱可约等于 1，在时域上表现为很窄的尖脉冲。这一过程也称为反滤波，实际效果是对原来的输出声脉冲进行了压缩，使其接近希望的测试信号，一般用最小平方标准来衡量这种接近的程度，其数学模型如图 5-2 所示[4]。

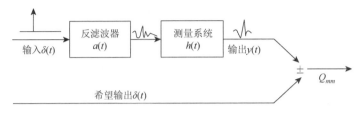

图 5-2　最小平方反滤波数学模型

则有以下数学关系：

$$y(t) = \delta(t) * a(t) * h(t) = \hat{\delta}(t) \tag{5-2}$$

$$a(t) = h(t)^{*-1} \tag{5-3}$$

式中，$\delta(t) = \begin{cases} 1, & t = 0 \\ 0, & t \neq 0 \end{cases}$；$*-1$ 表示反卷积。

由最小平方滤波准则，设计反滤波因子 $a(t)$ 使误差能量 Q 达到最小值：

$$Q = \sum_{t=-\infty}^{+\infty} \varepsilon^2(t) = \sum_{t=-\infty}^{+\infty} [a(t) * h(t) - \delta(t)]^2 \tag{5-4}$$

显然，这是一个最小平方滤波问题，对式（5-4）进行离散化处理，经推导得到最小平方反滤波方程：

$$\begin{bmatrix} r_{bb}(0) & r_{bb}(1) & r_{bb}(2) & \cdots & r_{bb}(m) \\ r_{bb}(1) & r_{bb}(0) & r_{bb}(1) & \cdots & r_{bb}(m-1) \\ r_{bb}(2) & r_{bb}(1) & r_{bb}(0) & \cdots & r_{bb}(m-2) \\ \vdots & \vdots & \vdots & \ddots & \vdots \\ r_{bb}(m) & r_{bb}(m-1) & r_{bb}(m-2) & \cdots & r_{bb}(0) \end{bmatrix} \begin{bmatrix} a(0) \\ a(1) \\ a(2) \\ \vdots \\ a(m) \end{bmatrix} = \begin{bmatrix} b(0) \\ b(1) \\ b(2) \\ \vdots \\ b(n) \end{bmatrix} \tag{5-5}$$

式中，$b(n)$ 为 $h(n)$ 的最小相位信号；$r_{bb}(n)$ 为 $b(n)$ 的自相关函数，其中 $n = 0, 1, 2, \cdots, m$。

解出式（5-5）得到 $a(t)$，然后对测试系统进行最小平方反滤波处理，可得到比较尖锐的近似 $\delta(t)$脉冲的波形输出。在实际测试系统中，输入不可能是 $\delta(t)$信号，所以一般用方波窄脉冲代替，系统输出即为对它的压缩脉冲信号。

为了压缩测试系统的输出脉冲波形，输入也可以不是 $\delta(t)$，而是其他波形（如方波 $z(t)$），输出也可以得到希望的压缩波形，此时式（5-5）右边的 $b(n)$应用其和

$z(n)$ 的互相关函数 $r_{bz}(n)$ 代替，具体实现步骤如下：①采集测试系统的输入输出信号；②求系统的频率响应幅度谱 $|H(f)|$；③计算出最小相位信号 $b(t)$；④利用 FFT 求相关函数；⑤解最小平方反滤波方程得到反滤波因子 $a(t)$；⑥$a(t)$ 经原系统输出后即得到压缩后的波形。

5.1.2　测试系统

发射信号脉冲压缩测试系统的基本框图如图 5-3 所示[5-7]，其由电子部分和水下部分组成。电子部分中，信号的产生、发射和数据采集均由计算机通过通用接口总线控制，并对采集到的信号进行时域和频域处理，完成被测材料样品声学性能参数的计算、显示、输出、存储等。

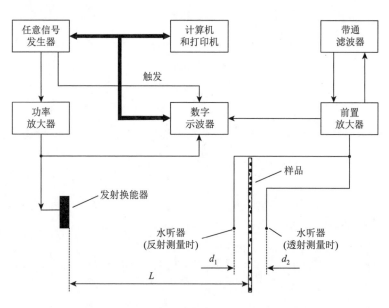

图 5-3　发射信号脉冲压缩测试系统的基本框图

水下部分布置在消声水池中，发射换能器连接到升降装置上，可调整角度使波束垂直照射在材料样品表面；被测样品也安装到升降装置上，测试过程中可平稳地上下移动；被测样品离开发生器表面的距离 L 保证测试的远场条件；在进行反射测试时，水听器置于板前，在进行透射测试时置于板后，距样品表面的距离分别为 d_1 和 d_2，并偏离声轴一定距离以破坏衍射干扰的相干性；发射换能器选用有较高的指向性、旁瓣小的平面基阵，可以在一定程度上抑制测试中样品边缘的衍射干扰，其中基阵谐振频率为 f_0。

5.1.3　测试过程

宽带脉冲压缩法与传统的大面积样品自由场测试相比，不同的是须对原方波脉冲激发换能器发射的声信号进行压缩处理。设置任意函数发生器的数据采样率为 f_s（kHz），即 1 个数据地址宽度 τ 为 $1/f_s$ μs；同时设置采集系统的采样率为 f_s（kHz），数据总点数为 f_s 点，在信号采集过程中，对每一种电信号经放大滤波后都做了 $f_s/2$ 次的时域平均，提高其信噪比；带通滤波器的通带设为 250Hz、10kHz。

首先计算出系统的频率响应 $H(f)$，然后将它和希望输出的方波信号离散值代入最小平方反滤波计算程序，最后将解得的反滤波因子作为信号源数据，送入任意函数发生器。该信号经功放驱动换能器发射，此时发射的声信号就变成了尖脉冲，即对原信号进行了压缩。

反滤波处理对原声信号进行了压缩，压缩后得到尖锐的脉冲波形，频谱明显改善。发射信号压缩处理能使我们更好地控制测试所需的声信号，脉冲宽度变窄后有利于透射信号和反射信号在时间上与边缘衍射信号隔开，避免了它们之间的信号混叠。水听器接收到的宽带脉冲信号经 FFT 处理后可以得到测试频段内的所有数据，实现所要求的宽带测试[5]。

1. 声反射系数测试

声反射系数测试中，水听器放置在距离样品表面很近的位置，这样在时间上隔开了反射信号和样品边缘衍射信号，而反射信号和直达信号叠加在一起。可利用数字存储示波器的时域波形计算功能将反射信号从采集的叠加信号中提取出来，具体过程如下。

（1）首先吊起样品，测试直达信号，多次采集作平均后把该信号 p_i 存入示波器存储通道 m_1。忽略球面波扩展衰减，将这个信号近似为反射计算时的入射参考信号，但必须对水听器离开样品的距离 d_1 进行精确测量，修正声反射系数的相位计算。

（2）然后放下被测样品，同样对把经多次采集作平均后的信号存入示波器存储通道 m_2。实现两存储通道数据相减，即 $f_1 = m_1 - m_2$，得到 p_r 并存入 m_3 通道。

（3）最后将 m_1、m_3 通道的数据分别传入计算机，存盘后对它们进行 FFT 分析，获得信号复频谱。再根据声反射系数定义计算得到测试频率范围内样品的声反射系数 r_p。

2. 声透射系数测试

声透射系数测试过程与经典方法相似，相对较容易。参考信号 p_i 为没有样品时的直达信号，将采集到的信号存入计算机；放下样品，采集透过样品的声信号 p_t

并存入计算机；分别对它们进行频谱分析，将各自的复频谱代入声透射系数计算公式，得到测试频率范围内材料样品的声透射系数 τ_p。

脉冲宽度变窄后有利于在时间上隔开透射声信号或反射声信号与边缘衍射波信号，在边缘衍射波之前存在完整的有用信号，避免了它们之间的信号叠加。水听器接收到的宽带脉冲经 FFT 处理后可以得到测试频带内的所有数据，所以通过一次测试即可完成以往采用正弦脉冲时测试每个频率点的繁重工作，实现了测试自动化，大大提高了测试效率。然而，采用宽带窄脉冲要求发射换能器具有宽带工作特点：低 Q 值，电压响应曲线在测试频段应尽可能平坦，有效工作频段应在谐振点以下。

5.1.4　接收信号脉冲压缩

宽带脉冲压缩法采用宽带长脉冲信号作为发射信号，对接收信号进行压缩，最终达到从多途信号中区分直达波的目的，实现对声透射系数的宽带测试。与传统的采用窄带连续波（continous wave，CW）脉冲测试结果相比，该方法的测试过程更简单，且两者测试结果基本一致。

根据发射脉冲信号（实际测试过程中指直接从信号源发出的电信号）构造匹配滤波器，对接收信号进行匹配滤波，从多途干扰中提取直达波并对其进行还原，具体的信号处理流程如图 5-4 所示[8]。

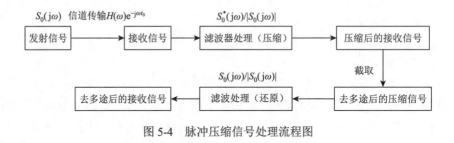

图 5-4　脉冲压缩信号处理流程图

匹配滤波器的传输函数形式为

$$H(j\omega) = CS^*(\omega)e^{-j\omega t_0} \tag{5-6}$$

根据发射脉冲信号频谱构造滤波器（压缩），滤波器频率响应为发射信号归一化频谱的共轭，接收信号通过该滤波器，信道传输加之构造的滤波器（压缩）与匹配滤波器（或相当于拷贝相关）相当。因此，若发射信号为宽带脉冲信号，则接收信号即可在时域上得到很大程度的压缩，再取出压缩后的信号包络，便可分辨出直达波、反射波或其他途径信号，再根据压缩后的接收信号包络提取所需部分并进行还原（通过频率响应为发射信号归一化频谱滤波器）。

基于接收信号脉冲压缩技术的宽带声透射系数测试方法的主要特点如下：
①测试过程简单，测试一次即可获得频带内所有频点的声透射系数；②声透射系数为有无样品时两个测试值的比值，相当于自校准过程，因而无须事先测试声源的指向性、发送电压响应及水听器灵敏度随频率的变化关系；③可通过增大信号带宽获得更好的压缩效果及更高的测试精度，脉冲宽度和信号带宽应视发射换能器的性能而定；④使直达波与多途信号保持一定时间差，并由脉冲信号的时延分辨率决定；⑤对发射换能器在测试频带内的频率响应一致性有一定要求，否则用信号源发出的电信号进行匹配压缩和分离时效果不佳，甚至难以区分出直达波与多途。

5.1.5　测试结果示例

采用宽带脉冲压缩法对 8mm 厚的钢板进行声学性能测试，结果见图 5-5。

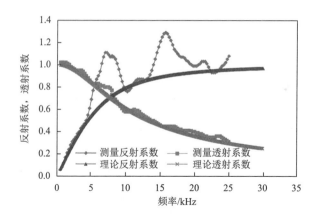

图 5-5　宽带脉冲压缩法声学性能测试结果（彩图附书后）

5.2　近场声全息法

近场声全息（near-field acoustic holography，NAH）法是一种通过对声场中全息面声学量（复声压、复振速、声强等）的分布进行反演，从而构建出整个空间声场的自由场声学测试方法。

当入射角发生变化时，非均匀结构吸声材料的声反射系数不再简单地遵循菲涅耳定律。近场声全息法通过测量声场中全息面的全息声压，再通过平面波理论将材料表面的入射波和反射波分量分离开来，从而得到不同入射角度下的材料声反射系数。

5.2.1　测试原理

采用声全息反演法测试水声材料任意入射角下的声反射系数，其基本原理是通过空间傅里叶变换将空间声场的复声压分解为平面波（平面波分解技术），或通过傅里叶–贝塞尔变换（快速汉克尔变换）将空间声场复声压分解为柱面波（柱面波分解技术），在波数域得到分离的入射波和反射波，从而获得任意入射角下的声反射系数[9]。

1. 基于平面波分解的声全息反演

该方法基于波动声学理论，利用空间傅里叶变换（spatial Fourier transform，SFT），将测得的两全息平面上的复声压分布分解为不同波数的平面波分量，再依据平面波传播理论，将大样材料表面（即反射面）的入射波和反射波分离出来，从而得到大样材料的声反射系数。

如图 5-6 所示，假设三维空间 (x, y, z) 中有一个辐射声源，在平面 $z = z_1$ 和 $z = z_2$ 上分别产生复声压分布 $p(x, y, z_1)$ 和 $p(x, y, z_2)$。

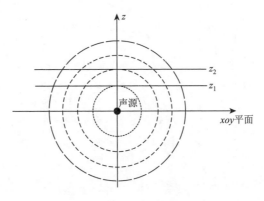

图 5-6　辐射源声场模型

利用二维傅里叶变换（two dimensional Fourier transform，2DFT），可将两个平面上的复声压分解为各个方向上的平面波分量[10]：

$$P(k_x, k_y, z_1) = \iint_{-\infty}^{+\infty} p(x, y, z_1) \exp[-\mathrm{j}(k_x x + k_y y)] \mathrm{d}x \mathrm{d}y \tag{5-7}$$

$$P(k_x, k_y, z_2) = \iint_{-\infty}^{+\infty} p(x, y, z_2) \exp[-\mathrm{j}(k_x x + k_y y)] \mathrm{d}x \mathrm{d}y \tag{5-8}$$

各平面波分量的传播方向由波向量 (k_x, k_y, k_z) 给出（图 5-7），介质中的波数 k_0 与波数分量满足如下关系[11]：

$$k_0^2 = k_x^2 + k_y^2 + k_z^2 \qquad (5\text{-}9)$$

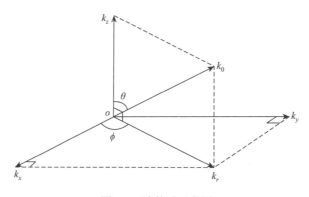

图 5-7　波数域示意图

假设图 5-8 中，平面 $z = 0$（xoy 平面）为反射面，其上的复声压分布 $p(x, y, 0)$ 也可分解为相应波数的平面波分量 $P(k_x, k_y, 0)$。

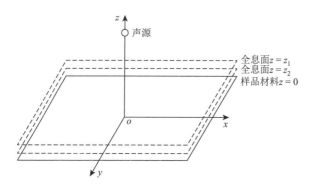

图 5-8　平面波分解示意图

每个平面波分量可以表示为相应入射平面波和反射平面波的叠加[12]：

$$P(k_x, k_y, 0) = P_i(k_x, k_y, 0) + P_r(k_x, k_y, 0) \qquad (5\text{-}10)$$

根据声场反射理论，入射平面波分量和反射平面波分量间满足如下关系：

$$P_r(k_x, k_y, 0) = C_r(k_x, k_y) P_i(k_x, k_y, 0) \qquad (5\text{-}11)$$

式中，$C_r(k_x, k_y)$ 为反射面与角度有关的声反射系数。

根据波数向量与声波传播方向的关系，可以由 (k_x, k_y) 确定入射角度 θ：

$$\theta = \arcsin(k_r / k_0) = \arcsin \frac{\sqrt{k_x^2 + k_y^2}}{k_0} \qquad (5\text{-}12)$$

不难看出，只要将反射面各波数平面波分量分解为入射波分量和反射波分量，就可以利用平面波传播理论求出相应入射角的反射面声反射系数。

在平面 $z=z_1$ 和 $z=z_2$ 上，各波数的平面波分量也可以看作相应波数的入射平面波和反射平面波分量的叠加[13]：

$$P(k_x,k_y,z_1)=P_i(k_x,k_y,z_1)+P_r(k_x,k_y,z_1) \tag{5-13}$$

$$P(k_x,k_y,z_2)=P_i(k_x,k_y,z_2)+P_r(k_x,k_y,z_2) \tag{5-14}$$

当一个平面波分量从平面 $z=z_1$ 传至平面 $z=z_2$ 时，根据平面波传播理论，$z=z_2$ 平面上相应的平面波分量可表示为

$$P(k_x,k_y,z_2)=P(k_x,k_y,z_1)\exp[-jk_z(z_2-z_1)] \tag{5-15}$$

同样，在平面 $z=0$ 和 $z=z_1$ 上，相应波数的入射平面波和反射平面波分量有如下关系：

$$P_i(k_x,k_y,0)=P_i(k_x,k_y,z_1)\exp(jk_zz_1) \tag{5-16}$$

$$P_r(k_x,k_y,z_1)=P_r(k_x,k_y,0)\exp(-jk_zz_1) \tag{5-17}$$

结合式（5-15），分别得到用平面 $z=0$ 上相应波数的入射平面波和反射平面波分量描述的平面 $z=z_1$ 和 $z=z_2$ 的平面波分量表达式：

$$P(k_x,k_y,z_1)=P_i(k_x,k_y,0)\exp(jk_zz_1)+P_r(k_x,k_y,0)\exp(-jk_zz_1) \tag{5-18}$$

$$P(k_x,k_y,z_2)=P_i(k_x,k_y,0)\exp(jk_zz_2)+P_r(k_x,k_y,0)\exp(-jk_zz_2) \tag{5-19}$$

联立式（5-18）和式（5-19），就可以得到平面 $z=0$（即反射面）上入射平面波和反射平面波分量表达式：

$$P_i(k_x,k_y,0)=\frac{P(k_x,k_y,z_1)\exp(-jk_zz_2)-P(k_x,k_y,z_2)\exp(-jk_zz_1)}{2j\sin[k_z(z_2-z_1)]} \tag{5-20}$$

$$P_r(k_x,k_y,0)=\frac{P(k_x,k_y,z_2)\exp(jk_zz_1)-P(k_x,k_y,z_1)\exp(jk_zz_2)}{2j\sin[k_z(z_1-z_2)]} \tag{5-21}$$

由式（5-11），得到 $C_r(k_x,k_y)$ 的表达式：

$$C_r(k_x,k_y)=\frac{P(k_x,k_y,z_2)\exp(jk_zz_1)-P(k_x,k_y,z_1)\exp(jk_zz_2)}{P(k_x,k_y,z_1)\exp(-jk_zz_2)-P(k_x,k_y,z_2)\exp(-jk_zz_1)} \tag{5-22}$$

由此可见，只要测得平面 $z=z_1$ 和 $z=z_2$ 上的复声压分布，就可以计算出反射面的声反射系数。

2. 基于柱面波分解的声全息反演

若系统声源发射的声场具有轴对称性，同时被测的大样材料是均匀的，则材料反射的声场也具有空间上的轴对称性。根据 Tamura 提出的柱面波分解方法，当声场满足以上条件时，二维傅里叶变换可由一维傅里叶-贝塞尔变换代替[14, 15]：

$$P(k_r, z) = 2\pi \int_0^\infty p(r,z) J_0(rk_r) r \mathrm{d}r \tag{5-23}$$

其逆变换为

$$p(r, z) = \frac{1}{2\pi} \int_0^\infty P(k_r, z) k_r J_0(rk_r) \mathrm{d}r \tag{5-24}$$

式中，$r = (x^2 + y^2)^{1/2}$，为空间点到 z 轴的水平距离；$k_r = (k_x^2 + k_y^2)^{1/2}$，为介质波数水平分量。

则计算声反射系数 $C_r(k_r)$ 可简化为

$$C_r(k_r) = \frac{P(k_r, z_2)\exp(\mathrm{j}k_z z_1) - P(k_r, z_1)\exp(\mathrm{j}k_z z_2)}{P(k_r, z_1)\exp(-\mathrm{j}k_z z_2) - P(k_r, z_2)\exp(-\mathrm{j}k_z z_1)} \tag{5-25}$$

利用一维傅里叶－贝塞尔变换公式进行柱面波分解，得到的声反射系数 $C_r(k_r)$ 是波数域平面 (k_x, k_y) 中相同 k_r 值对应的声反射系数的平均值，即 $C_r(k_r)$ 是某一入射角下方位角 ϕ 从 0 到 2π 时对应的声反射系数的平均值。需要注意，采用这种方法时，应保证声场具有空间轴对称性。

5.2.2　测试模型

1. 自由场全空间全息变换技术测试模型

图 5-9 所示为自由场全空间全息变换技术测试模型[16]，采用这种测试模型时，应保证声场是全空间自由场。参照图 5-8，测试材料表面设为 $z = 0$（xoy 平面），声源 z_3 位于 z 轴正轴上，全息面（$z = z_1$ 和 $z = z_2$）位于声源 z_3 与测试材料表面之间。分别对两个全息面进行二维扫描，得到 z_1 和 z_2 平面上的复声压分布，应用式（5-18）和式（5-19），得到 z_1 和 z_2 平面上各波数 (k_x, k_y) 的平面波分量 $P(k_x, k_y, z_1)$ 和 $P(k_x, k_y, z_2)$。

将 $P(k_x, k_y, z_1)$ 和 $P(k_x, k_y, z_2)$ 代入式（5-22），即可得到波数为 (k_x, k_y) 的声反射系数 $C_r(k_x, k_y)$。考虑到波数与声波传播方向的关系，对于给定的 θ，将满足式（5-12）的波数 k_x、k_y 所对应的声反射系数进行平均，从而得到给定入射角 θ 的声反射系数 $C_r(\theta)$。

实际测量得到的是各全息面上声压的二维分布，在对其进行二维 FFT 后，根据空间采样定理，所得到的变换结果就是对应各波数 k_x、k_y 平面波分量的二维矩阵。假设对全息面进行了 $n_x \times n_y$ 个点的扫描，测得全息面复声压二维分布矩阵为

$$\begin{pmatrix} p(x_0, y_0) & p(x_1, y_0) & \cdots & p(x_{n_x-1}, y_0) \\ p(x_0, y_1) & p(x_1, y_1) & \cdots & p(x_{n_x-1}, y_1) \\ \vdots & \vdots & & \vdots \\ p(x_0, y_{n_y-1}) & p(x_1, y_{n_y-1}) & \cdots & p(x_{n_x-1}, y_{n_y-1}) \end{pmatrix} \tag{5-26}$$

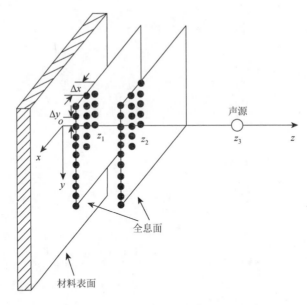

图 5-9　　自由场全空间全息变换技术测试模型

对该矩阵进行二维 FFT，变换结果对应相应波数的平面波分量为

$$
\begin{pmatrix}
P(k_{x0},k_{y0}) & P(k_{x1},k_{y0}) & \cdots & P(k_{x(n_x-1)},k_{y0}) \\
P(k_{x0},k_{y1}) & P(k_{x1},k_{y1}) & \cdots & P(k_{x(n_x-1)},k_{y1}) \\
\vdots & \vdots & & \vdots \\
P(k_{x0},k_{y(n_y-1)}) & P(k_{x1},k_{y(n_y-1)}) & \cdots & P(k_{x(n_x-1)},k_{y(n_y-1)})
\end{pmatrix}
\tag{5-27}
$$

式中，各数据点对应的波数分量 k_{xi}、k_{yi} 由空间采样定理确定：

$$
\begin{cases}
k_{xi} = 2\pi i / L_x & (0 \leqslant i \leqslant n_x / 2) \\
k_{xi} = 2\pi (i - n_x) / L_x & (n_x / 2 < i \leqslant n_x)
\end{cases}
\tag{5-28}
$$

$$
\begin{cases}
k_{yi} = 2\pi i / L_y & (0 \leqslant i \leqslant n_y / 2) \\
k_{yi} = 2\pi (i - n_y) / L_y & (n_y / 2 < i \leqslant n_y)
\end{cases}
\tag{5-29}
$$

式中，L_x、L_y 分别为对全息面进行二维空间扫描时，x 方向和 y 方向上的扫描长度；n_x、n_y 分别为两个方向上的扫描点数。

这样，利用式（5-28）和式（5-29）确定了波数分量，就可以确定式（5-27）中各数据点的平面波分量对应的入射角。将该矩阵中各点的数据代入式（5-22），就可以求得该波数分量对应的声反射系数，再对相同入射角对应的声反射系数求平均值，最终得到该入射角下的声反射系数。

需要注意的是，利用式（5-28）和式（5-29）确定波数分量时存在取舍问题。

在计算声反射系数时，只采用正波数分量对应的数据点，且不考虑非均匀平面波，因此式（5-27）中用于计算声反射系数的数据点应满足如下条件：

$$\begin{cases} 0 \leqslant i \leqslant n_x / 2 \\ 0 \leqslant i \leqslant n_y / 2 \\ \sqrt{k_x^2 + k_y^2} \leqslant k_0 \end{cases} \tag{5-30}$$

应用波数域采样定理，通过一次二维 FFT 运算，就可以得到多个入射角下的声反射系数，从而提高了运算效率和速度。但是却不能直接计算任意入射角下的声反射系数，只能得到 FFT 矩阵中相应数据点对应的入射角下的声反射系数。从式（5-28）和式（5-29）可以看出，要得到更多入射角下的声反射系数，就要提高空间分辨率，增大 L_x、L_y 的值，即扩大扫描范围，同时也要相应增加扫描点数。

采用自由场全空间全息变换技术测试方法，在实际操作过程中需要测量两个全息面上完整的声场分布，测试工作量较大。同时，由于要求声场是全空间自由场，在实际消声水池测试中存在以下问题：为了满足声场扫描测试的需要，水面部分区域无法覆盖吸声橡胶，该区域产生的声散射将会对反演计算造成误差；被测试样品要尽量布置在水池较深部位，以避免水面边界的影响，这样会给样品的布置、水听器扫描阵的制作和安装带来一定的困难。

2. 半空间全息变换技术测试模型

在水声场测试中，水面可近似认为是绝对软边界。而在数学物理模型中，绝对软边界等效为反对称边界条件。因此，将水下声场关于水面进行反对称，即可得到等效无界自由声场。鉴于此，发展出了一种将虚源法与平面声全息技术结合的材料声反射系数测试法：对于半自由空间，将测得的界面一侧数据对称到另一侧，从而使等效后的测试声场区域增大一倍，在同等测试精度要求下，使测试频率降低一半。另外，被测样品、水听器扫描阵和声源均可布置在水面附近，使实验实施更加简便，同时也消除了自由场声全息测试方法中由于水面无法完全消声所带来的散射场的影响。

图 5-10 所示为半空间全息变换技术测试模型。将待测材料吊放在近水面的位置，对近处声场进行两次不同深度的二维扫描，得到 z_1 和 z_2 两平面上的复声压分布；再对 z_1、z_2 的复声场进行反对称处理，得到两平面分别对应的水面上的半空间复声压分布；最后利用自由场全空间全息计算方法，即可得到材料的声反射系数。

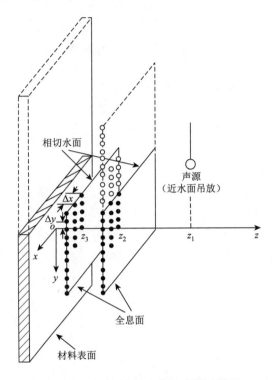

图 5-10　半空间全息变换技术测试模型

　　假设对全息面进行了 $n_x \times n_y$ 个点的扫描，测得的全息面复声压二维分布矩阵同式（5-26），则经反对称处理后得到的声压二维分布矩阵（设 x 方向与水面平行，y 方向与水面垂直）为

$$\begin{pmatrix} -p(x_0, y_{n_y-1}) & -p(x_1, y_{n_y-1}) & \cdots & -p(x_{n_x-1}, y_{n_y-1}) \\ \vdots & \vdots & \cdots & \vdots \\ -p(x_0, y_1) & -p(x_1, y_1) & \cdots & -p(x_{n_x-1}, y_1) \\ -p(x_0, y_0) & -p(x_1, y_0) & \cdots & -p(x_{n_x-1}, y_1) \\ p(x_0, y_0) & p(x_1, y_0) & \cdots & p(x_{n_x-1}, y_0) \\ p(x_0, y_1) & p(x_1, y_1) & \cdots & p(x_{n_x-1}, y_1) \\ \vdots & \vdots & \vdots & \vdots \\ p(x_0, y_{n_y-1}) & p(x_1, y_{n_y-1}) & \cdots & p(x_{n_x-1}, y_{n_y-1}) \end{pmatrix} \qquad （5\text{-}31）$$

　　对该矩阵进行二维 FFT，变换结果对应相应波数的平面波分量，再利用式（5-22）得到各入射角对应的声反射系数。其中，各数据点对应的波数分量 k_{xi}、k_{yi} 同样由式（5-28）和式（5-29）对应的空间采样定理决定。需要注意，用于计算的 y 方

向的扫描长度 L_y 的取值应为实际扫描长度的 2 倍，扫描点数 n_y 也相应取为实际扫描点数的 2 倍。

半空间全息变换技术通过将水下声场进行反对称处理，使等效的测试声场区域增大一倍，在同等测试精度情况下可使扫描点数减少一半，理论上也能获得更多角度下的声反射系数。

3. 轴对称声场全息变换技术测试模型

图 5-11 所示为轴对称声场全息变换技术测试模型。根据 Tamura 提出的简化方法，若系统中声源发射的声场具有轴对称性，而且被测的大样材料也是均匀的，则此时由材料反射的声场具有空间上的轴对称性[15]。

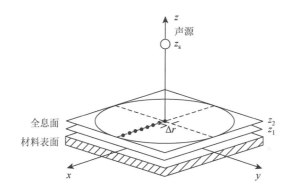

图 5-11　轴对称声场全息变换技术测试模型

假设被测材料为圆形，根据式（5-23）和式（5-25）可知，只需测试全息面上一条半径上的声压分布，就可以得到对应平面的柱面波分量，从而得到材料的声反射系数。

以测试材料表面中心作为坐标原点，则材料位于 $z = 0$ 平面上（xoy 平面）。令声源位于 z 轴正向 z_s 处，分别进行 $z = z_1$ 和 $z = z_2$ 平面上两条平行半径上的复声压分布，应用式（5-23）则可以得到与波数域平面（k_x, k_y）中相同的 k_r 值对应的柱面波分量 $P(k_r, z_1)$ 和 $P(k_r, z_2)$。将 $P(k_r, z_1)$ 和 $P(k_r, z_2)$ 代入式（5-25），即可得到波数为 k_r 的声反射系数 $C_r(k_r)$。

考虑到波数与声波传播方向的关系，对给定 θ，将满足式（5-12）的波数 k_r 所对应的声反射系数取平均值，从而得到给定入射角 θ 的反射面的声反射系数 $C_r(\theta)$。

假设对全息面进行了 $n_r \times m$ 个点的扫描，测得全息面复声压一维分布矩阵为

$$\begin{pmatrix} p(r_{0,0}) & p(r_{1,0}) & \cdots & p(r_{n_r-1,0}) \\ p(r_{0,1}) & p(r_{1,1}) & \cdots & p(r_{n_r-1,1}) \\ \vdots & \vdots & & \vdots \\ p(r_{0,m-1}) & p(r_{1,m-1}) & \cdots & p(r_{n_r-1,m-1}) \end{pmatrix} \tag{5-32}$$

对采集得到的复声压分布矩阵进行列平均，可得

$$[p(r_0) \quad p(r_1) \quad \cdots \quad p(r_{n_r-1})] \tag{5-33}$$

对复声压进行一维傅里叶-贝塞尔变换，即柱面波分解：

$$[p(k_{r0}) \quad p(k_{r1}) \quad \cdots \quad p(k_{r(n_r-1)})] \tag{5-34}$$

各数据点对应的波数分量 k_{ri} 由空间采样定理确定：

$$k_{ri} = \frac{\pi i}{L_r} \quad [0 \leqslant i \leqslant (n_r - 1)] \tag{5-35}$$

式中，L_r 为全息面 r 方向上的扫描长度。

在计算声反射系数时，只采用正波数分量对应的数据点，且不考虑非均匀柱面波。由于采集的是径向的复声压，$k_r \geqslant 0$；另外，当 $k_r > k_0$ 时，k_z 为纯虚数，对应的波数分量为非均匀柱面波，因此式（5-34）中用于计算声反射系数的数据点应满足 $0 \leqslant k_r < k_0$。

这样，利用以上方法确定波数分量，通过式（5-12）可得到式（5-33）中各数据点的柱面波分量所对应的入射角。将该矩阵的数据点代入式（5-25），求得该波数分量对应的声反射系数，最终得到该入射角对应的声反射系数。

可以看出，当声场满足轴对称条件时，利用上述实验模型能够有效减少扫描次数，通过测试一条半径可以得到很多入射角对应的材料声反射系数，在很大程度上提高了实验效率。采用以上方法，需要合理放置声源并选取适当测试半径，尽量保证声场的轴对称性。

对比以上三种全息测试模型可得如下结论。

（1）自由场全空间全息变换技术测试模型：声场为全空间自由场，因此布置声场时有一定难度；而且该测试模型需要测量两平行矩形平面上的全息声压，测试数据较多，同时强调测点之间相对位置的精确性，需要大量的测试时间并要求一定的测试精度。

（2）半空间全息变换技术测试模型：有效利用了水面边界的绝对软性质，对测量得到的两平行矩形面上的全息声场进行反对称处理，从而使等效的测量声场区域增大一倍。同时，不需要考虑水面反射带来的影响，对实验条件的要求进一步降低。

（3）轴对称声场全息变换技术测试模型：在测试效率上更加优越。前两种模型均需要测量两个全息面上各离散点的复声压，而采用轴对称声场全息变换技

术测试模型时，理论上只需分别测量两个全息面中一条半径上的复声压分布，大大减少了工作量；这种以柱面波分解技术为基础的测试模型需要声场关于被测材料中心法向轴对称，虽然从这一方面来看，其对实验条件要求很高，但另一方面，这种方法可以大幅缩短测试时间，提高实验效率，并在一定程度上减小由于测试引起的实验误差，能够实现大样声学材料声反射系数的快速反演，优势明显。

　　按照仿真与实验经验，在采用近场声全息法进行材料声反射系数测试时，一般按照以下要求进行全息面获取。

　　（1）全息面的半径应大于等于 2λ。

　　（2）测点间距应小于 $\lambda/4$。

　　（3）全息面到待测样品的距离对反演结果的影响较大，距离被测样品最近的全息面应尽量保证与被测样品的间距小于 $\lambda/6$。

　　（4）两个全息面的间距不宜太大，应小于 $\lambda/10$。

　　（5）声源与被测样品间距的取值范围为 $\lambda/2\sim\lambda$。

5.2.3　测试结果示例

　　以标准钢板为背衬，对某种声学材料大样进行了声反射系数近场声全息测试实验。测试频率为 $3\sim10\mathrm{kHz}$，频率间隔为 $1\mathrm{kHz}$，测试样品尺寸为 $1.6\mathrm{m}\times1.2\mathrm{m}$，厚度为 $5\mathrm{cm}$（背面有钢衬）。测试范围为 $1.32\mathrm{m}\times1.14\mathrm{m}$，全息面 1 到源面的距离为 $3\mathrm{cm}$，全息面 2 到源面的距离为 $5\mathrm{cm}$，测点的水平和垂直间距均为 $6\mathrm{cm}$，得到 20 行 $\times23$ 列的数据。材料大样声反射系数测试实验反演结果如图 5-12 所示，各个入射角对应的材料大样声反射系数的反演结果频响曲线见图 5-13。

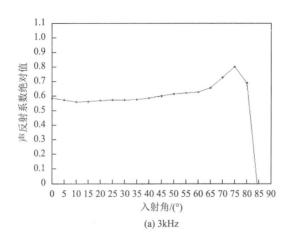

(a) 3kHz

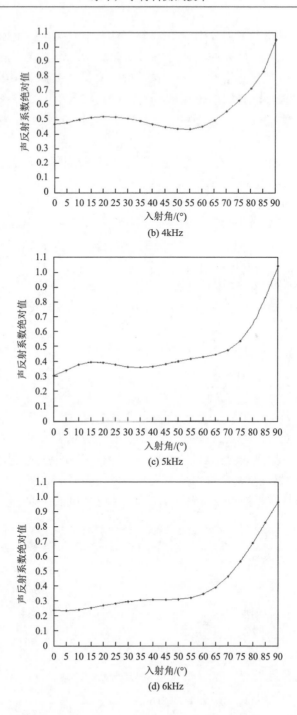

(b) 4kHz

(c) 5kHz

(d) 6kHz

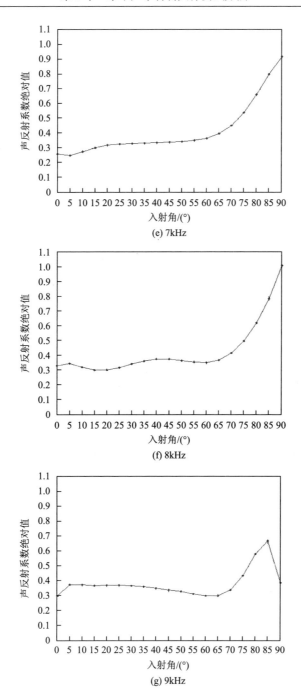

(e) 7kHz

(f) 8kHz

(g) 9kHz

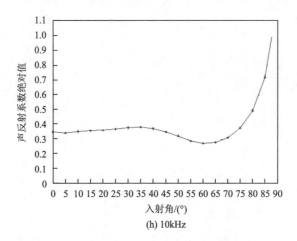

(h) 10kHz

图 5-12　材料大样声反射系数测试实验反演结果

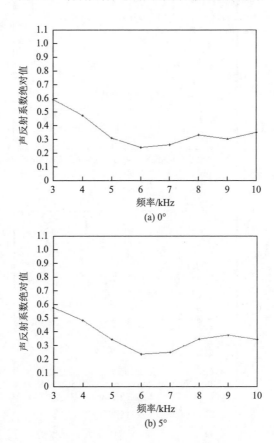

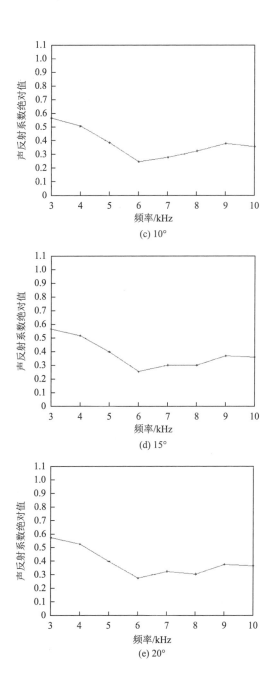

(c) 10°

(d) 15°

(e) 20°

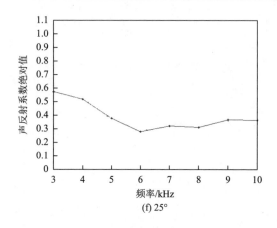

(f) 25°

图 5-13　材料大样声反射系数的反演结果频响曲线

　　从反演结果可以看出，在较低频率下，该材料的声反射系数随入射角变化不大，频率较高时声反射系数有一定的起伏，但总的变化规律与物理事实是一致的。各入射角对应的声反射系数随频率增加而减小，但在 6kHz 时有较小的低谷。

参 考 文 献

[1]　时胜国, 王超, 杨德森, 等. 一种基于复倒谱的水声材料声反射系数自由场宽带测量方法: CN105021702A[P]. 2015-11-04.

[2]　易燕, 李水, 杜纪新, 等. 一种大面积水声材料透声性能角谱的测量方法: CN102818850A[P]. 2012-12-12.

[3]　李水, 缪荣兴, 唐海清. 水声材料性能测量中的数据采集与反滤波应用[J]. 数据采集与处理, 2000, 15 (1): 102-106.

[4]　李水, 缪荣兴. 水声材料性能的自由场宽带压缩脉冲叠加法测量[J]. 声学学报, 2000 (3): 248-253.

[5]　李水, 缪荣兴. 水声材料声性能自由场测量技术研究[J]. 计量学报, 1999 (4): 308-313.

[6]　李水, 缪荣兴, 唐海清. 消声瓦声学性能的大面积宽频带测量[J]. 声学与电子工程, 2001 (2): 28-31.

[7]　李水, 罗马奇, 易燕, 等. 水声材料构件声学特性自由场宽带测量装置[J]. 声学学报, 2011, 36 (5): 534-541.

[8]　于盛齐, 黄益旺, 吴琼. 基于脉冲压缩技术的宽带声透射系数测量方法[J]. 振动与冲击, 2013, 32 (3): 146-149.

[9]　聂佳. 基于主动声全息的全向声反射系数测量方法理论仿真与实验研究[D]. 哈尔滨: 哈尔滨工程大学, 2006.

[10]　刘丽华, 彤淼, 刘扬, 等. 半空间全息变换方法反演材料声反射系数[C]//2006 年全国声学学术会议, 厦门, 2006.

[11]　彤淼, 刘扬, 胡其望, 等. 近场声全息法测量声反射系数试验研究[C]//2006 年全国声学学术会议, 厦门, 2006.

[12]　安俊英, 徐海亭, 郑震宇. 近场声全息法测量斜入射材料的反射特性[C]//2007 年全国水声学学术会议, 郑州, 2007.

[13]　肖今新. 宽带窄脉冲用于声场声全息测声反射系数[C]//第十一届船舶水下噪声学术讨论会，西安，2007.

[14]　宋扬. 中高频下粘弹性材料声学参数测量[D]. 哈尔滨：哈尔滨工程大学，2007.

[15]　尚建华，张明敏. 柱面波分解测量反射系数的一些分析[J]. 声学技术，2007（5）：94-99.

[16]　肖妍，商德江，胡昊灏，等. 有限空间中材料声反射系数全息反演方法研究[C]//2013 年全国水声学学术会议，湛江，2013.

第6章 数据拟合方法

6.1 等效声学参数计算方法

为改善声学性能，声学覆盖层通常具有复杂的结构，这给覆盖层声辐射预报建模带来了较大的困难。传统的建模方法有声阻抗法、有限元法、解析法、声全息法，这些方法目前已经较为成熟。但是传统建模方法难以反映在壳体耦合状态下的覆盖层整体声学特性，为此，本书发展了基于振动匹配反演覆盖层等效参数，进而实现覆盖层振动声辐射预报的等效参数建模方法。

6.1.1 建模理论

在工程上，声学覆盖层通常具有复杂的结构，如图 6-1 所示，例如，将参数设置为在厚度方向渐变，形成渐变阻抗的声学覆盖层；在覆盖层内开挖各种形状的空腔，填充各种填充物；在橡胶基底中掺入金属颗粒，甚至加入压电元件等。利用覆盖层内的渐变阻抗、空腔谐振、摩擦损耗、压电效应等机制，可以改善声学覆盖层的声学特性[1]。

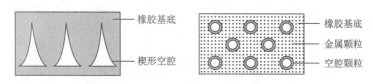

图 6-1 复杂声学覆盖层示意图

与此同时，复杂的结构也给覆盖层振动声辐射预报建模带来了较大的困难。在工程应用中，经常需要对敷设声学覆盖层的弹性结构体的辐射声功率进行预报，而声学覆盖层的建模往往是问题瓶颈，采用传统建模方法难以实现。覆盖层等效参数建模方法，就是指在传统建模方法分析的基础上，利用物理量的匹配方法获取非均匀覆盖层的等效声学参数，其原理框图见图 6-2。

等效参数法建模是将复杂声学覆盖层等效为一层或多层均匀层，建立敷设一层或多层均匀覆盖层的圆柱壳振动声辐射模型，假定一组覆盖层的初始等效参数，理论计算覆盖层内外侧振动，并与带复杂声学覆盖层圆柱壳振动声辐射模型相应的实验测试结果进行比较，通过多次改变覆盖层参数值，使得覆盖层内外侧振动的理论值与实验值达到最佳匹配，此时的覆盖层参数即为复杂声学覆盖层的等效参数。利用该等效参数，建立敷设一层均匀覆盖层的圆柱壳振动声辐射模型，即可计算获得复合壳体的辐射声功率，该方法的关键是准确获得复杂声学覆盖层的等效材料参数。

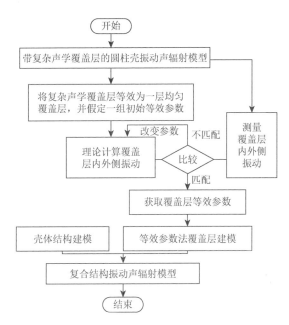

图 6-2　等效参数法覆盖层建模原理框图

　　复杂声学覆盖层的等效参数法建模：在覆盖层与壳体结构整体耦合的状态下，结合理论建模计算和实验测试，使覆盖层振动达到最佳匹配，来获取覆盖层等效参数，使得参数反演结果更能反映覆盖层与壳体结构的真实耦合特性，该方法直接以实际耦合模型结构为研究对象，计算的辐射声功率将会更可靠。而传统方法通常仅以覆盖层本身作为研究对象，而将覆盖层敷设于壳体后，由于敷设工艺的问题，以及受壳体耦合作用的影响，覆盖层的特性可能会发生改变，导致最终辐射声功率的计算结果存在较大误差。

　　复杂声学覆盖层等效参数反演的核心是通过改变覆盖层参数使得覆盖层结构振动的理论值与实验值达到最佳匹配，而覆盖层包括杨氏模量、泊松比、密度、阻尼损耗因子四个基本参数，需要依次对每个参数进行搜索，工作量非常庞大。因此，了解各参数对覆盖层结构振动和声辐射的影响程度大小，对影响较大的参数进行重点搜索，有助于合理制定等效参数搜索方案，减小工作量。

　　通过覆盖层参数对覆盖层结构振动和声辐射的影响程度进行分析可知，杨氏模量和泊松比的影响程度较大，密度和阻尼损耗因子的影响程度稍小，应该对杨氏模量和泊松比进行重点搜索。另外，对于一个未知的覆盖层，其杨氏模量和泊松比难以估计准确，而密度可以通过质量和体积的测量间接获得，阻尼损耗因子可以通过冲击实验测试其响应衰减近似获得，并且阻尼损耗因子对覆盖层结构振动和声辐射的影响程度相对较小。因此，覆盖层等效密度可以测量得到，等效阻尼损耗因子可以通过实验测试近似获得；对于等效杨氏模量和等效泊松比，则需要在一个合理范围内通过二维搜索获得。

　　进行匹配搜索时，首先需要确定一个目标函数，即建立在哪些物理量一致条件下的等效。本书中的等效参数法以等效前后覆盖层振动一致为目标，描述覆盖层的振动量，包括一点或多点的位移、振速，以及某一面上的表面法向均方振速，还涉及位置（在覆盖层内侧还是外侧）等。最外层向外辐射声功率，因此取外侧节点振速，计算其节点速度，基于此速度进行等效参数反演。

6.1.2　节点振速匹配原理

　　将敷设复杂声学覆盖层的模型称为待反演模型。建立敷设一层均匀覆盖层的圆柱壳振动声辐射模型，设定参数搜索范围，称为反演模型。通过多次改变反演模型覆盖层参数值，使得覆盖层振动与待反演模型的振动达到最佳匹配，此时的覆盖层参数即为复杂声学覆盖层圆柱壳模型的等效参数。利用该等效参数，建立敷设一层均匀覆盖层的圆柱壳模型，利用数值法计算其辐射声功率。

　　由于在大范围内进行二维匹配搜索的效率较低，在实际操作时，可以利用二维粗扫→一维细扫→二维细扫的方法来进行材料参数匹配获取。

　　为方便理解，下面给出一个计算实例。采用二维轴对称模型建模，图 6-3 为一个敷设了带有空腔的覆盖层圆柱壳轴对称结构有限元模型，模型为半径 0.5m、长度 2m 的圆柱壳，覆盖层厚度为 0.03m；待反演模型空腔为长 0.006m、高 0.02m

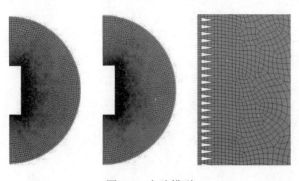

图 6-3　空腔模型

的等腰三角形，间距为 0.02m。将含空腔的覆盖层等效为一层均匀覆盖层，等效后的覆盖层厚度不变，密度由实际质量和体积计算。

1）二维粗扫

在已知覆盖层结构参数、各部分构成参数的基础上，待反演模型参数设置见表 6-1。

表 6-1　待反演模型参数

参数	取值
杨氏模量	$0.1 \times 10^7 \sim 8.6 \times 10^7 \mathrm{N/m^2}$
泊松比	$0.41 \sim 0.495$
密度	$848 \mathrm{kg/m^3}$
阻尼损耗因子	0.23

考虑到覆盖层是一个复杂的体结构，随着频率的升高内外侧振动并不一致，仅以某一侧的振动作为目标并不全面，表面均方振速表征了一个面上的整体振动特性，因此，选择等效前后覆盖层内外侧均方振速都达到误差最小为目标。对于频率 f，设等效前覆盖层内外侧均方振速分别为 $\langle V_{\mathrm{in}}^2(f) \rangle$、$\langle V_{\mathrm{ex}}^2(f) \rangle$，等效后覆盖层内外侧均方振速分别为 $\langle V_{\mathrm{inE}}^2(f) \rangle$、$\langle V_{\mathrm{exE}}^2(f) \rangle$，则定义等效前后均方振速总差异 $E(f)$ 为

$$E(f) = \left| 10 \lg \frac{\langle V_{\mathrm{inE}}^2(f) \rangle}{\langle V_{\mathrm{in}}^2(f) \rangle} \right| + \left| 10 \lg \frac{\langle V_{\mathrm{exE}}^2(f) \rangle}{\langle V_{\mathrm{ex}}^2(f) \rangle} \right| \tag{6-1}$$

即使得 $E(f)$ 最小为等效目标。

图 6-4 给出了不同频率下不同覆盖层参数的均方振速总差异 $E(f)$ 的二维搜索图，从中可以很直观地看出节点均方振速总差异最小值的位置，且可以考察节点均方振速总差异随杨氏模量和泊松比的变化关系。

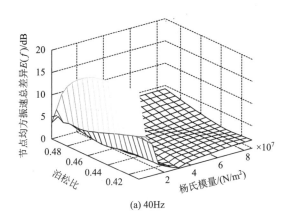

(a) 40Hz

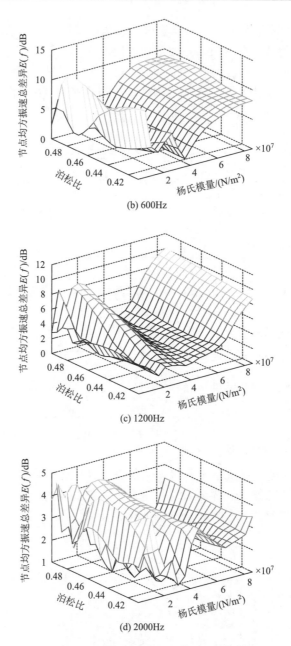

图 6-4　节点均方振速总差异二维搜索图

从图 6-4 可以看到，在计算频段上，节点均方振速总差异 $E(f)$ 的最小值呈条状分布，即在较大的泊松比改变范围内，都能够找到一个杨氏模量使节点均方振速总差异最小，但是对于泊松比却没有类似的规律，说明泊松比对等效结果的影响小于杨氏模量的影响。在各个频点均采取此搜索方式进行等效参数搜索，即得到整个频段上的等效杨氏模量和等效泊松比。

2）一维细扫

从以上分析结果中可以看出，多组杨氏模量和泊松比参数下，$E(f)$ 均较小，因此获得的等效参数随频率变化的离散程度较大。为降低等效参数的频率离散程度，根据 $E(f)$ 最小值的条状分布特点，观察不同频率处的 $E(f)$ 可以发现，泊松比为 0.385 时 $E(f)$ 相对较小，因此可以选定泊松比为常值 0.385。在此基础上再对杨氏模量进行搜索，参数搜索结果如图 6-5 所示。从图中可以发现，选定泊松比为常值后，等效杨氏模量的频率曲线变得相对光滑，这与杨氏模量和泊松比二维搜索的情况存在显著区别，这表明，在确定泊松比的情况下，对杨氏模量进行一维搜索可以使得等效曲线更加光滑，这将有助于避免预报结果的奇异性。另外，由于仅对杨氏模量进行一维搜索，搜索工作量大大减少。

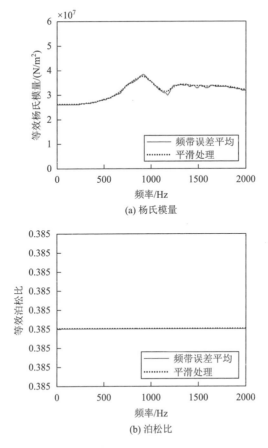

(a) 杨氏模量

(b) 泊松比

图 6-5　设定泊松比时的含空腔覆盖层等效参数

利用图 6-5 中的等效参数，建立敷设一层均匀覆盖层的圆柱壳振动模型，利用数值法计算其辐射声功率，与待反演模型的辐射声功率进行对比，如图 6-6 所示。

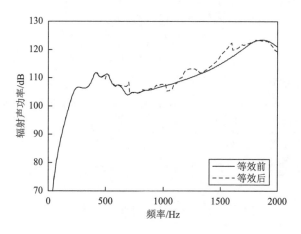

图 6-6　等效前后辐射声功率对比

由图 6-6 可以看出，在有些频段，如 650～700Hz、1030～1280Hz、1400～1600Hz，辐射声功率曲线的差异较大。

3）二维细扫

针对差异大的频点细化参数搜索范围，进行二维细致搜索，以 690Hz 为例，杨氏模量取为 $2.6×10^7～3.3×10^7N/m^2$，泊松比取为 0.3～0.44，再次进行等效参数匹配反演，得到的节点均方振速总差异如图 6-7 所示，此时得到的最优等效杨

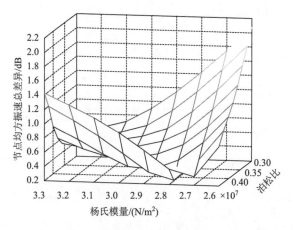

图 6-7　细化后的节点均方振速总差异

氏模量为 $2.8 \times 10^7 \mathrm{N/m^2}$，等效泊松比为 0.42。以该频点为例，计算了利用匹配参数对节点振速、辐射声功率预报的结果与利用实际有限元模型得到的数值计算结果的差异，见表 6-2。参数细化后，节点均方振速总差异更小，同时实现了更好的声场匹配。

表 6-2　690Hz 时参数细化前后辐射声功率和节点均方振速总差异对比

	辐射声功率差异/dB	节点均方振速总差异/dB
未细化	3.3448	0.6022
参数细化	0.0582	0.2066

对整个计算频段范围内的等效参数进行二维细扫，利用最终得到的等效材料参数计算辐射声功率，结果如图 6-8 所示。

从图 6-8 中可以看出，经过二维细扫后，等效前后的辐射声功率在 1dB 以内，说明采用基于节点振速匹配覆盖层等效参数的方法是可靠的。

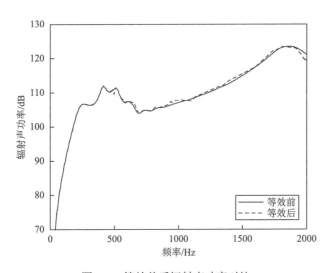

图 6-8　等效前后辐射声功率对比

6.2　ONION 法

复合涂层材料能够在流体和材料所在表面间实现平滑的声学过渡，因此在水下具有相当广泛的应用，这种材料通常是由若干层弹性材料压制而成的，其水下声学特性常通过对涂层材料样品板进行反射测试的方法来评估。但由于样品板成本较高，且测试设备尺寸有限，实际测试中，涂层材料样品的尺寸也是有限的（横向尺寸一般小于周围流体介质中的一个波长），这意味着必须在有限横向面积的样品板上实现无限大材料的声反射系数测试[2, 3]。

显然，在实际情况下，入射信号产生的可用反射波（即不包括设备壁回波和边缘衍射作用的回波）无法达到稳定状态。因此，必须从可用实验信号的主要瞬态部分推导出测试样品板的稳态性能。由此，出现了一种新方法——ONION 法[4]，该方法基于最小二乘法将单层材料拟合到多层模型，通过一次剥离一层反射时间波形信息来推导初始模型近似参数，这种对时间波形信息分层剥离的技术也可称为"剥洋葱"法。

假设被测样品板浸没在无限大的无损流体中，显然，在实际情况下，实验板横向尺度有限，且实验板通常由包含大孔隙和接缝的内部不均匀层组成。ONION 法使用的理论模型忽略了这些设计上的复杂性，模型假设待测板的每一层都是均匀、各向同性的，且横向尺寸无限大，则第 i 层可用密度为 ρ_i、复声速为 $\bar{c}_i$ 和厚度为 l_i 来描述[5]。图 6-9 所示为典型四层吸声板。

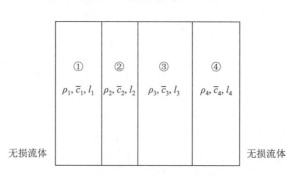

图 6-9　典型四层吸声板

测试时，先采集无样品时的入射波形和有样品时的反射波形，然后进行拟合计算。首先对第一层进行拟合计算，得到第一层的材料参数后，就可以将第一层的反射波从总反射波中减去，从而得到透射到第二层表面的透射波，接着进行第二层的参数拟合计算，以此类推，可以得到所有材料层的参数。

假设瞬态波为入射在第一层的平面波，其时域波形为一个正弦脉冲，且前导瞬态不会在脉冲中持续太久。ONION 法中只需要反射波在干扰波到达之前，包含来自每层的至少一个反射的贡献（如果每个内部面板界面的多次反射都有贡献，也可以）。通过最小二乘法将面板的多层模型与实验数据进行拟合，模型假设各层均匀且各向同性，不考虑大空隙、接缝和螺栓等内部不均匀部分在测试中引入的复杂性。图 6-10 所示为 ONION 法的原理框图[6]。

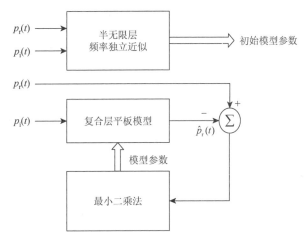

图 6-10　ONION 法原理框图

　　每层拟合分两个阶段：第一阶段，将该层材料看作半无限厚，且复声速与频率无关，根据采集得到的反射波形得到材料参数的初始值；第二阶段，采用自适应非线性最小二乘算法对实验波形进行拟合，计算声速和每一层损失的更新值，即计算得到的材料特性使实测反射时间波形与基于多层平板模型计算得到的反射时间波形的均方差最小。

　　假设平面声波入射在横向面积无限大的多层板上，入射波为一个正弦脉冲，进入脉冲的瞬态转换时间较短。在测试装置及待测板尺度的约束条件下，选择的脉冲长度应尽可能大。认为各层材料是均匀、各向同性的。考虑平面波垂直入射，忽略剪切波的影响。因此，假设每一层平板的材料参数都可以用一个简单的损耗因子 a 和相速度 c 来表征。损耗因子与指数衰减 $e^{-\alpha x}$ 有关，在入射脉冲的频谱范围内，假设损耗因子与频率有关，相速度与频率无关。

　　引入一个无量纲损耗因子函数 $a_0(\omega)$：

$$a_0(\omega) = a(\omega)\lambda_i \tag{6-2}$$

式中，ω 为角频率；λ_i 为恒定驱动角频率 ω_0 下第 i 层中的波长。

　　设函数 $a_0(\omega)$ 可由 ω_0 处的二次截断泰勒级数精确展开：

$$a_0(\omega) = a_0 + a_1\frac{\omega - \omega_0}{\omega_0} + a_2\frac{(\omega - \omega_0)^2}{\omega_0^2} \tag{6-3}$$

　　由此，每一层的声学特性都可以通过 c、a_0、a_1 和 a_2 这四个参数来描述。在这一点上，可能存在异议，因为许多材料的相速度并不是频率无关的。但应当指出的是，如果在面板上实际入射的是单频平面波，则反射波的计算只涉及给定频率下 c 和 a 的值。因此，即使面板层的材料特性随频率的变化而发生复杂变化，每个层的双参数（c 和 a）模型也足以描述这种入射波下系统的声学特性[7, 8]。因此，在模型中引入频率依赖性的唯一原因是开启瞬变导致入射波非单频（尽管开启瞬变往往只存在于脉冲前期）。入射脉冲的频谱实际上是关于稳定角频率 ω_0 的非对称函数，而不是具有单频性质的 δ 函数。式（6-3）为模型提供了根据入射波进行调整的余地，在需要时能够很容易地修改现有模型，使其包含与 a 类似的 c 的泰勒级数展开。显然，这必将导致计算时间显著增加，同时算法的稳定性可能会下降。

通过离散傅里叶变换将测试到的入射波的时域波形转换到频域。如果每层的材料参数已知，就可以先计算由入射波的每个频谱分量引起的反射波，再进行反傅里叶变换。各频谱分量的反射波可以利用传统的多层理论进行计算。

在实际情况中，每层的相速度和损耗往往是未知的，用多层理论计算反射波无法实现。如果这些性质的近似值可以通过一些独立的方法得到，可以利用非线性最小二乘自适应算法[9]（反射压力以非线性的方式依赖于平板的材料性质，线性波动方程并非不适用）。假设每个面板层的密度和厚度已知，已知在其真实值的 2 倍范围内的近似相速度，每层相损耗完全未知。在环境压力条件下，厚度和密度的值很容易得到，但这些值会随着静压的变化而变化。如果已知条件不足，最小二乘自适应过程难以收敛，但可以通过反射数据的早期部分推导出各层相速度和损耗因子的近似值。

为了便于实现傅里叶变换，需要获取数字形式的实验数据，对应于多个离散时间点的数据而不是连续函数（这些离散点实际上是连续函数的采样值）。采用每个平板层的厚度和近似声速将测试到的反射压力时间序列划分为与平板内每个界面反射波首次到达流体边界的时间相关联的时长，这些时长排除了每个平板层中由波的往返产生的多次反射。需要注意的是，划分数据时长是基于已知的先验信息完成的，而不是直接处理反射数据。

ONION 法的核心是非线性最小二乘拟合过程，首先计算近似模型参数，然后迭代地将这些参数改进为"最佳拟合"值。但非线性最小二乘法可能不稳定，由于校正表达式是近似的，这种参数的修正实际上会使模型和数据间的均方误差增大。因此，当迭代导致模型参数与实验数据的拟合恶化时，必须放弃这种修正。为了避免由于最小二乘法的计算不稳定性而丢弃计算值，可以采用莱文贝格–马夸特算法（Levenberg-Marquardt algorithm），结合此算法可以有效地提高计算速度，感兴趣的读者可以参考相关文献。

参 考 文 献

[1]　李爽，张超，商德江. 基于节点振速匹配覆盖层等效参数反演方法[C]//第十六届船舶水下噪声学术讨论会，贵阳，2017.

[2]　Piquette J C. Some new techniques for panel measurements[J]. The Journal of the Acoustical Society of America,

1996，100（5）：3227-3236.

[3]　Piquette J C，Forsythe S E. Low-frequency echo-reduction and insertion-loss measurements from small passive-material samples under ocean environmental temperatures and hydrostatic pressures[J]. The Journal of the Acoustical Society of America，2001，110（4）：1998.

[4]　Piquette J C. An extrapolation procedure for transient reflection measurements made on thick acoustical panels composed of lossy，dispersive materials[J]. The Journal of the Acoustical Society of America，1987，81（5）：1246-1258.

[5]　Piquette J C. The ONION method：a reflection coefficient measurement technique for thick underwater acoustic panels[J]. The Journal of the Acoustical Society of America，1989，85（3）：1029.

[6]　Piquette J C. Offnormal incidence reflection-coefficient determination for thick underwater acoustic panels using a generalized ONION method[J]. The Journal of the Acoustical Society of America，1990，87（4）：14.

[7]　Piquette J C. Technique for detecting the presence of finite sample-size effects in transmitted-wave measurements made on multilayer underwater acoustic panels[J]. The Journal of the Acoustical Society of America，1991，90（5）：2831.

[8]　Piquette J C. Analytical backplate removal in panel tests：an experimental demonstration[J]. The Journal of the Acoustical Society of America，1995，97（3）：1978.

[9]　Piquette J C. Transmission coefficient measurement and improved sublayer material property determination for thick underwater acoustic panels：a generalization and improvement of the ONION method[J]. The Journal of the Acoustical Society of America，1992，92（1）：468.

索 引

彩　　图

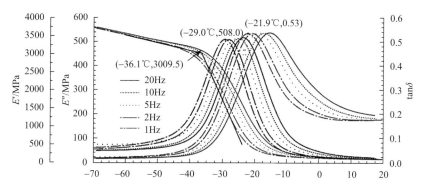

图 3-15　橡胶样品动力学参数之间的关系

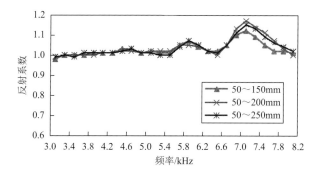

图 4-5　绝对软界面声反射系数测试结果

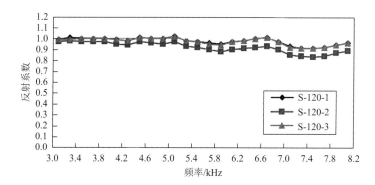

图 4-6　三种实心样品的声反射系数测试结果

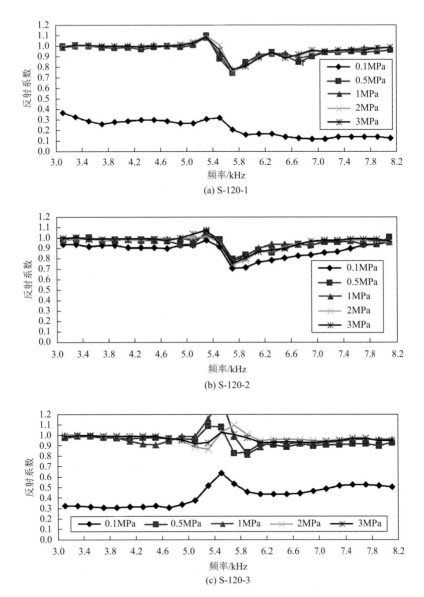

图 4-7 加压环境下三种实心样品的声反射系数测试结果

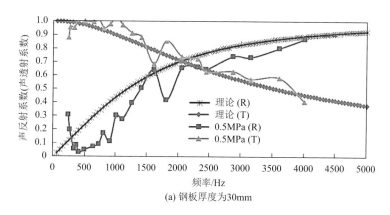

(a) 钢板厚度为30mm

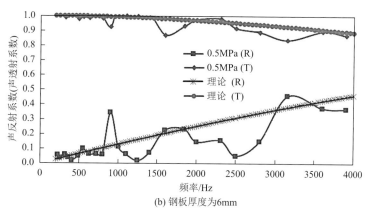

(b) 钢板厚度为6mm

图4-13　钢板的行波管测试结果与理论值对比

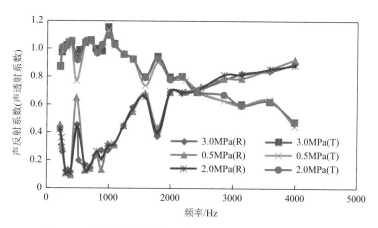

图4-14　某水声材料的声反射系数与声透射系数测试结果

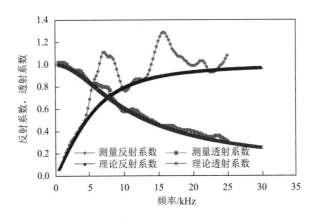

图 5-5 宽带脉冲压缩法声学性能测试结果